U0536067

你愿意，
人生就会值得

蔡康永 著

上海文化出版社

你愿意,
人生就会值得

康永的序

你上一次因为自己开心而笑出来，是什么时候的事？不是因为看了有人撞到头的影片才笑，不是因为听到别人精心准备的笑话才笑，而是那种因为自己开心就笑出来的笑。

我们有多久没有想过，做哪些事会令自己开心，会令自己感受到原来此刻我们正在生活？

如果你最近才刚那样笑过，最近才刚明确地感觉到"这样活着挺有意思的"，那我真心地恭喜你，你是一个善待自己的人。

你没有瞧不起你的感受，你没有冷落你的心。

人生不是不能依靠别人，只是别人太不可靠了。

我觉得搞定自己要容易得多、可靠得多，也值得得多。

太多人活得太费力了。我想为大家，包括我自己，找到比较省力，又能活得更舒服也更满足的方法。

所以我写了这本书。

一边写，一边读，一边觉得：这样活着挺有意思的。

你愿意,
人生就会值得

目录
Contents

I

有什么好不愿意的呢

1 没做过，你就不知那是什么滋味 / 002

2 "方便"是拿来评鉴电器用品的，别拿来评鉴生活 / 007

3 如果你知道得少一点，很可能你已经做到了 / 015

4 你不需要了不起的故事，你只需要你的故事 / 021

5 它们是因为我才存在的，当然是它们听我的 / 028

6 感受力，比意志力更实惠 / 035

7 尝尝用心却仍搞砸的滋味，来预习如何面对搞砸 / 041

8 向一个人证明自己就够了 / 045

9 神经到底要粗在哪里才值得呀 / 050

10 情绪太大时，去更辽阔的地方 / 056

11 谁叫你要敞开你的心 / 061

12 别闹了，生活怎么可能有道理 / 067

1　拖，是一定要的啊　/ 072

2　我佩服"更好"，但我喜欢的是"更好过"　/ 078

3　努力最好不要排在所有行动的最前面　/ 082

4　"忙很好"只是不得已的客套话　/ 090

5　照重量计价的酒，不会是最值钱的酒　/ 094

6　要练无相神功，还是九阴白骨爪　/ 098

7　自律一定没有自乐撑得久　/ 101

8　真正好的"懒"，是"聪明懒"　/ 108

9　懒得管，是智慧的开始　/ 113

10　完美只是你以为　/ 117

11　拖延，其实就是到处晃，到处找可以绕的弯　/ 121

12　别把选择看太重，就不会老是拖延　/ 125

II

懒很好

Ⅲ 轻轻揉捏成习惯

1 习惯，比意志力更可靠 / 130
2 一想到要什么，就同步想怎么要 / 135
3 不是养成新习惯，是改造旧习惯 / 140
4 行为轨道不必重铺，只需绕去新的站 / 146
5 能混过去的事要充分利用 / 152
6 不累的小改变，比累死人的大改变，容易发生 / 158
7 丢就丢，不用把感情寄托在东西上 / 163
8 梦想不是主食，只是调味料 / 168
9 能够给别人的，才算是自己有的 / 171
10 找到同族的人，而且最好是有成绩的同族人 / 175
11 想动心，就先取个会让自己动心的名字 / 178
12 不翻旧账，比较会发财 / 181
13 负责任的人之中，也有不累的 / 185
14 乐趣是重要的生产力 / 190

IV 跟自己，一切好商量

1 你以为随口许愿无伤大雅，其实是在给自己不断地找敌人 / 198

2 广告铺天盖地，刚好供我们练习眼力 / 203

3 连有脑子都嫌麻烦 / 208

4 没意见，没感觉，没我的事 / 213

5 别人是很烦，但没有别人是绝对不行的 / 219

6 就算一定要拥有房子，也不一定要拿来自己住吧 / 223

7 容许我们的心，可以感冒，也可以拉肚子 / 227

8 不一定要抵达终点 / 230

9 过去可以存好，不必随身携带 / 236

10 回忆的珍贵之处，在于你可以一直换新的角度去看它 / 242

11 那叫作安稳，还是窒息 / 246

12 就算说了那种话，还是要继续活很久吧 / 250

13 请重视尴尬带来的力量 / 254

14 很多东西会拜访我们，结果我们一个也认不出来 / 259

V

别当回事，然后自在

1 吃苦有时就是倒霉，哪有什么圣光 / 266

2 别老想不得罪人，想一下得罪了会怎样 / 269

3 人生只要问这三个问题 / 273

4 日子是拿来过的，不是拿来换钱的 / 277

5 能强迫存钱，就能强迫存时间 / 282

6 机器人永远赶不上我们的一件事 / 288

7 自圆其说，自求多福，自己发电 / 292

8 你觉得够好，就好 / 297

人类喜欢生活有道理，有道
照章行事，确保自己能好好
动物就不会幻想生活有道理
生活其实没有道理。工蜂们
一直做工，蜗牛好好爬着就
轧扁，这能有什么道理？
但人类需要道理，不然大伙儿
不了。她说你的房子是她的
她的男友是你的，这样怎么
了？只好试着讲道理。
人类喜欢生活有道理，有道
照章行事，确保自己能好好
动物就不会幻想生活有道理
　　　　　道理。工蜂们
　　　　　　　好爬着就
　　　　　　道理？
　　　　　　　不然大伙儿
不了。她说你的房子是她的

I

有什么
好不愿意的呢

1

没做过，
你就不知那是什么滋味

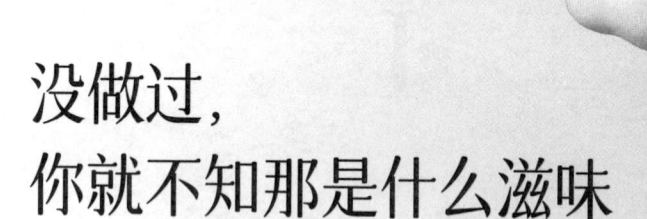

先笑，然后感到快乐。
先搬重物，然后感到有力量。
先用力地活，然后爱自己的人生。

正在观赏湖景,却下雨了。

幸好此时旁边伸来一只纤纤玉手,手上撑了一把大伞,使我暂时免于被雨淋到湿透。

我抬眼一看,来人正是《白蛇传》里的白素贞白娘子。

"白娘子,你为什么要变成人类呀?"我问。

"康永,你吃麻辣锅之前,知道麻辣锅是什么滋味吗?"白娘子问。

我想了一下,别说是麻辣锅了,喝咖啡之前,不知咖啡滋味;吃皮蛋之前,不知皮蛋滋味;每样东西吃之前,都不知其滋味呀。

"我不可能凭空想象出麻是什么滋味,辣是什么滋味,麻辣锅又是什么滋味。"我说,"白娘子,吃麻辣锅之前,无从知道其滋味。"

"康永,我不做一回人类,从何而知做人类是什么滋味呢?"白娘子说。

人类喜欢生活有道理,有道理才能照章行事,确保自己能好好活下去。

动物就不会幻想生活有道理,因为生活其实没有道理。工蜂出生后就一直做工，蜗牛好好爬着就被车轮轧扁，这能有什么道理？

但人类需要道理，不然大伙儿相处不了。她说你的房子是她的，你说她的男友是你的，这样怎么相处得了？只好试着讲道理。

所有道理之中，最讨人喜欢的是："因为这样，所以那样。"

因为你不研究，所以股票赔钱。

因为你不爱我，所以我去搞外遇。

但这道理当然是经不起推敲的。股票赔钱有复杂的原因，搞外遇也有复杂的原因。但算了，讲道理只是图个心安，不然日子过不下去。

相对来说，白娘子讲的就比较真实：

你没做过，你就不知那是什么滋味。

很多人爱信"因为……所以……"，希望情商也能顺着这个路子走：

因为小时候遭遇了那件事，所以长大以后一直快乐不起来。

因为是在单亲家庭长大，所以自己也不敢结婚。

因为悲伤，所以哭了。

以上这些"因为……所以……"，有时候是真的，但也有很多时候不是真的。

心情当然会产生行为，但反过来，行为也可以影响心情。

先用力地活，
然后爱自己的人生

电影《铁达尼号》[①]，相恋的二人在船头相拥，男生也曾对着天空大喊："我就是世界的王！"

他当然不是世界的王，他在和女生相拥的那刻也不是，电影结束的时候更不是。

但站在那样的船头，衬着那样的天空，拥着那样的爱情，谁会不觉得自己是世界的王？

我们有时候不用特别去等某个状态才去做那件事。

可以反过来：我们先去做那件事，然后我们就会有那样的状态。

先笑，然后感到快乐。

先搬重物，然后感到有力量。

先用力地活，然后爱自己的人生。

听说白蛇后来斗法输了，被压在雷峰塔底下，还要靠儿子完全不相干地考了个什么状元，才把她从塔底救出来。

拜托，白蛇哪有输，白蛇根本赢到不行好吗?!

她照她的目标，做了回人类，尝到了人间的爱与背叛，轰轰烈烈地为了爱拼尽全力。再怎么精彩的人生，也不过如此了。

白蛇一生有哭的时候，有笑的时候，有叹息的时候，有眼睛发光、热血沸腾的时候。

---

① 即《泰坦尼克号》。——编者注

不必老是想着先进入状态，才能带动我们去做什么，我们活着，就是会既做这个又做那个，然后感受那些行为带给我们的心情。

因为想要成功而用尽全力地去做事，这是常见的励志故事。
因为用尽全力地去做事而感觉到了成功，这是我相信的励志故事。
你愿意，人生就会值得。

2

"方便"是拿来评鉴电器用品的,别拿来评鉴生活

要怎么才有机会体会到此刻自己活着?
把"做到的程度"当成万事的尺度,会是一个很好的开始。

- 扫地机器人，扫得够干净吗？
- 你问大部分使用扫地机器人的用户，他们应该都是一样的回答：

"不到令人满意的干净，但有扫总是比没扫要好一些。"

别意外，我们对待扫地机器人的态度，就应该是我们对自己的态度：

"虽然看起来是只做了这么一点点，但总是比没做要好啊。"

我每次一这样想，就会立刻从嫌弃自己，转而给自己点赞呢。

"有做就是比没做好"，这么简单的基本态度，很可惜地，为什么老是被忘记呢？

我相信是从小在学校考试那个圣旨般的"六十分才及格"的规定所造成的。

考试考了五十三分的，很少能够享受称赞，明明已经比考三十五分的同学多了十八分，但这十八分不算，因为五十三分不及格。

考九十八分的比考八十分的多了十八分，这

样就会被称赞；考五十三分的比考三十五分的也多了十八分，结果却不算。

六十分才及格，这规定有什么道理吗？

没什么道理，就是把一百分除以二，中间是五十分，那就比中间值再多一点好了，"起码要拿到一半以上的分吧"，应该就是这样定出来的。

没什么道理的规定，却成了学生生涯的大事。怎样都要爬上六十分的浮木，爬不上的话，考来的那些分数就都被当成没有，该留级还是留级，该退学还是退学。

于是，"及格"这么一个没什么道理的观念，就此留在我们的人生，成为我们衡量自己的尺度。

不要把自己当成一个数字，不要管自己及不及格

古希腊的哲学家说过一句很神气的话："人是万物的尺度。"

虽然很神气，但不是很确定他要讲什么。马虎一点来看这句话，大概就是说"所有东西，都要根据它们对人的意义而得到定位"。

嚣张，但可以接受。

因为一旦超越了对人的意义，人就蒙了，会不知道怎么看待这个事物。

比方说，宇宙。

宇宙太超越了。人根本没法衡量宇宙，科学家跟我们说宇宙无限大，我们更蒙。什么是无限？我们再怎么想都想不出来。

人类是有限的。我们面对的尺寸有限，寿命也有限，我们玩不来无限那一套。

所以呢，"人是万物的尺度"这话，是吹牛。

起码人就不可能是宇宙的尺度。宇宙完全不理人类，说不理还是太抬举我们自己了。宇宙应该根本没察觉到有人类。宇宙就是宇宙，不关人类的事。

是啦，我们很有限，就算活到九十岁，折合天数，也才三万多天。

如果你户头里存有三万多元，你一定觉得很经不起花，一不注意三万多元就花完了。

确实，零岁到九十岁，三万多天，也是一不注意就"花"完了。

有限的我们，无法理会无限的宇宙，相对地，我们只想处理有限生命能处理的万事万物，感受能计算得清的东西，对此我们才充满兴趣。

比方说，金钱；比方说，分数。

回想一下，我们经常使用"及格"这个标准来衡量别人、衡量自己。

快别吹牛"人是万物的尺度"了，根本是"及不及格，是所有人的尺度"。

悲惨吧？在学校就被莫名其妙的"及格制"罩在头顶，离开学校了，及不及格的阴影依然时时悬在头上。

"及格制"当然很方便，但当我们要回归自身，要把自己当一个人看的时候，我们最好对所有方便的东西保持警觉。

及格制是为了管理方便，各种统计数据也是为了管理方便。

活在此时此地，没可能不被当成一个数字：我是年收入多少的人，我是几岁的人，我是几岁、年收入多少却还没结婚或还没离婚的人……

别人管理我们，是需要方便，这样管理才有效率。

但如果是我们管理自己，千万别贪图方便。

不要把自己当成一个数字，不要管自己及不及格。

接受矛盾的自己，才能把日子过好

如果你一直理所当然地信赖着"及格制"，那请试着告诉我，人生的及格标准是什么？

及格的爸妈是怎样的？我们的爸妈及格了吗？
及格的小孩是怎样的？我们的小孩及格了吗？
及格的人生是怎样的？我们自己及格了吗？

大部分人心中模模糊糊地想到"及格"这个标准时，随之而来的形容词也会变得非常模糊。
"这也太不像样了吧。"
"这太离谱啦。"
"这样不能接受哟。"
什么是"样"？什么是"谱"？所谓"接受"，是要谁接受？
真要追问，其实都说不上来。
而这说不上来的模糊标准，却能逼得一些人自认不及格，然后羞愧到躲起来不想见人，甚至轻生。

人是很矛盾的，因为我们既有动物的身体，又有神鬼的心。
我们能要的，跟我们想要的，根本就是自相矛盾的。
我们一定要吃，但我们又不想胖。
我们一定要跟别人打交道，但我们又不喜欢跟人打交道。
我们一定会死，但我们又不想死。

我们就是从脚趾尖一直矛盾到天灵盖的物种，如果连这点都认不清，就不用想把日子过好。
接受矛盾的自己，不再为了省事而只想要"方便"地去面对人生。
矛盾就是会麻烦，矛盾就是需要耐心，怎么可能追求方便？

建立对"程度"的信心,就不会再一直为"是否及格"焦虑

一旦抛开了"及格制",要用什么来当衡量的尺度呢?

用"程度"。

考了三十五分,就是有三十五分的程度;再从三十五分考到五十三分,那就是又增加了十八分的程度。

如果能建立对"程度"的信心,就不会再一直为"是否及格"焦虑,不会再执着于"完成"目标,不会再执着于"抵达"终点。

我主持过很多个访谈节目,我从来没有一秒钟想过我自己是不是一个"及格"的主持人,也从来没有一秒钟想过我的主持工作要怎么"完成",到哪儿才是主持工作的"终点"。

主持时我最真心的想法,就是如果时间允许的话,再多问一个问题。

哪怕是很琐碎的问题,哪怕是很蠢的问题,每多问一个问题,就是多松了一块土,多叩了一下门。

上过我节目的人,至少也有一万。从我主持到现在,仍然不知道问到哪一个问题时,来宾会忽然变得特别吸引人,特别有光芒。

对比我刚开始做主持人的时候,我现在能做的事,仍然一样。

如果时间允许的话,再多问一个问题,也许对方就更立体,也许就多知道了一件有意思的事。多问一个问题,就有一个问题的程度可能不同。

把"做到的程度",当成万事的尺度

能做的只有这样,做了些细小微弱的事,谈不上及格,谈不上完成,但如果你愿意以做到的"程度"去看,就跟扫地机器人一样,比起没做的时候,做了一定会有所不同。

用"程度"去当万事的尺度就好。

别人可以举起一个铜鼎,你不是别人,你举一张竹凳,已经比你没举的时候有了不同程度的肌肉。

别人一天看两本书,你不是别人,你一次在手机上能看完一段文字,已经比你没看的时候吸收了不同程度的信息。

能在乎"程度"的不同,就能大大增加"体会现在"的乐趣。

大部分人,包括大多数时候的我自己,常常忽略现在,花太多心思在过去,花太多心思在未来。

要怎么才有机会体会到此刻自己活着?把"做到的程度"当成万事的尺度,会是一个很好的开始。

如果你本来不太看书,却因缘际会或莫名其妙地看到了我写的这句话,而且好奇下一句是什么,那么,你就已经比没看到的时候,又抵达了不同的程度啰。

3

如果你知道得少一点，
很可能你已经做到了

做了才会发现，以前的排斥都没根据，都是自己多想的。

"那天我帮包大人擦桌子，擦着擦着，我看左右无人，就好奇心起，想坐坐包大人的椅子，过个干瘾。"平常帮包公包大人擦桌子的书童跟我说。

"结果呢？"

"结果我一坐上去，啊！不得了，立刻头晕得要吐，根本坐不住，赶紧屁滚尿流地跑走了。"书童说。

"啊，有这种事？"

"是啊，大家都说包大人乃文曲星转世，他坐的椅子，岂是我们一般人坐得的？"书童说。

于是我指了指仓库的一把破椅子，请这位书童去坐坐看。书童依言坐上去，坐得好好的，还跷起了二郎腿，只是椅子满是灰尘，书童不免打了好几个喷嚏。

"这把椅子倒是好坐，只是太旧了。"书童说。

"其实就是上礼拜放在戏台上那把包公包大人坐的椅子，只是把披在椅子上的绣龙椅披拿掉了。"我说。

书童先是一愣，然后笑了。

"原来就是这么把破椅子。"他说。

如果你知道得少一点，很可能你已经做到了。

书童知道是包公的座椅，什么文曲星、虎头铡、日判阳夜断阴，乱七八糟一卡车唬人的玩意儿就同时扑面而来。

书童如果不知道那是包公的座椅，他就坐得好好的，不头晕，不吐，不觉得自己不配坐。

你要带小孩去打针，如果一再跟小孩描述针是怎么刺进皮肉的，小孩当然怕；但如果让小孩知道打这针是必要的，小孩也就好好把这针给打了。

慌张的人就算有玻璃帮忙挡着，看到蟑螂朝自己飞来，还是会尖叫着逃开。

可镇定一点的人，虽然对蟑螂还是感到恶心，但知道有玻璃挡着，应该可以不尖叫着逃走，而是观察情况再决定下一步。

不管怎样先逃再说，还是觉得凡事不妨一试？试着别让先入为主的念头阻挡我们，因为此刻所做的选择，会影响大脑替我们搜集信息的方向。

丢来的不管是糖果还是飞刀，杏仁核一律叫你闪躲

对于很多事物，我们会先有反应，然后才去了解状况。

了解状况之后，可能会发现先前的反应毫无必要或很不正确，但太迟了，我们已然不经思考地做出了反应。该得罪的得罪了，该错过的也错过了，都只是因为我们的反应并不是基于对当下实际状况的判断，而是基于本能，基于过去的印象，基于道听途说得来的观念。

神经科学家勒杜（Joseph LeDoux）解释过这件事：眼睛得到了一个讯息，会立刻把这个讯息告诉大脑的两个单位——杏仁核和感觉皮层，虽然是同时告诉，但因为眼睛跟这两个单位的距离不同，距离短的单位，当然会先收到讯息，做出反应，等到反应过了，距离比较远的那个单位才收到讯息，加以判断，看看该做什么事。不过等到这时，距离近的单位已经反应过了。

也就是说，眼睛看到蟑螂，你就先尖叫着逃开了，然后才想到中间其实隔着玻璃，不必逃。

距离眼睛比较近的是杏仁核，杏仁核快速、机警，但没空搞清楚状况，所以对方朝你丢来的不管是糖果还是飞刀，杏仁核一律先叫你闪躲。

杏仁核以保护身体为唯一原则，宁可少吃一颗糖，不能没事挨一刀。

距离比较远的，是感觉皮层。感觉皮层收到眼睛传送来的讯息之后，会加以分析。有些人先不做反应，就是在等感觉皮层分析完之后，通知身体做出比较恰当的反应。

越原始的环境，越依赖杏仁核。眼角瞥到晃一下的到底是树枝还是蛇？管他的，先闪开再说，结果一闪就滑跤摔下了悬崖，那是杏仁核管不到的事。

环境变得不那么原始之后，遇蛇的概率大大降低，走在悬崖边的概率也降低，那就比较有余裕先忽略杏仁核的警告，等感觉皮层的报告。这样相对就镇定多了。

电影里有恐怖分子从高处开枪扫射时,听到枪声惊慌乱跑的人往往中枪,而深呼吸找掩蔽物躲起来的人,比较有空观察环境,找出安全的逃生路径。

我自己还在练习中,看到蟑螂可以不尖叫不逃了,会看环境再想办法消灭之,当然仍无法伸手抓住它。

叫你去游泳,又不是要你潜入马里亚纳海沟

做就对了,做了才会发现,以前的排斥都没根据,都是自己多想的。

我有朋友不游泳,一心坚信人是陆地动物,不可能在水里还能活,结果医生下指令要她游泳。她第一堂课碰到水,教练就叫她把自己当个物件,动都不动地在水面漂。漂了一堂课,她确认了水也就只是水,不必把跟水有关的各种知识、组成分子、海啸画面,都一股脑地联想成一体。

只是要在水里游泳,又不是要潜到马里亚纳海沟里。

==一步一步地来,只想在现在这个状况下要如何选择。不用把所有相关信息都同时扛在肩上,那样就叫"想太多"。==

不少条件出色,让人感觉不好追的人,好好跟她要求认识,正常地讲话,好好地在聊天中揭露自己的价值观,一步一步地,往往就能

成功地开始交往,根本不算难追。

但有些人装了一脑子多余的联想,把出色的人想成"冰山美人""轻蔑万物的魔女""娇贵的公主""阅人无数的爱情老手",然后就完全没办法在对方面前正常地表现,言行失去自信,这样对方当然会退避三舍,恶性循环,断了自己跟佳人的缘分。

杏仁核是个好东西,帮助人类逃过了千灾万难。我们要重视杏仁核的意见,但不要一味地被杏仁核控制,耽误了各种了解自己能力的机会。

4

你不需要了不起的故事，你只需要你的故事

人生不需要豪华的大事，
只需要你的事。

我坐在公园里看书,忽然走过来一个人,在我旁边坐下,我一看,貌似是《西游记》里的人物沙悟净。

"啊,沙和尚?"

"是,我是。"

"你在原著里很神秘啊,先是由天庭的卷帘大将被贬为妖怪,当了妖怪后又吃掉一大堆路过的高僧,还把他们的头骨穿起来当项链!但如果你是电视剧里的沙和尚,我就不想跟你聊天了。"

沙和尚一愣。

"为什么?"他问,"是因为我在电视剧里很没用吗?"

"倒不是没用,而是没故事,感觉是个无聊的人。猪八戒也没用,但起码猪八戒有故事。"我说。

"你不喜欢跟没故事的人聊天?"沙和尚问。

"我在乎故事,故事带给我力量。"我说。

沙和尚露出了好奇与不安的表情。

"沙和尚,我相信你本来是有故事的,写《西游记》的吴承恩,下笔时一定打算给你写些有意思的故事。"

"你怎么知道?"沙和尚问。

"你翻到《西游记》的开始,你从天上被贬去荒野成了妖怪时,你先后吃掉好几个跟唐僧一样要去西天取经的高僧。"

"这是我的故事,我知道啊。"沙和尚说。

"然后你得到了假释,条件是去保护唐僧,完成取经任务。你不觉得,显然有什么后来应该要发生在你跟唐僧之间的故事,结果没被写出来吗?你是一个专杀取经僧的连环杀手,却日夜待在史上最有名的一名取经僧的身边,作者怎么可能没有打算用你来发展一段故事?"

沙和尚听得目瞪口呆。

"那,我的故事呢?我的故事呢?!"他喊出声。

"吴承恩那家伙就硬是没写出来呀。"我说。

"怎么会这样?为什么不写出来?!"

我只能耸耸肩。

"你指望别人替你把故事写出来,那就难免有这样的下场。"

"我要我的故事!把我的故事还给我!"

沙和尚大吼大叫。

《西游记》问世已经超过四百年了,作为主角之一的沙和尚,现在才想起来要大吼大叫地问:"我的故事呢?!"

在乎意义,就得写自己的故事

是人,都喜欢听故事。

故事就是动物跟人在生活追求上最大的不同,因为故事给了

我们意义。

　　人类有着动物的身体、鬼神的心。那颗鬼神的心，不甘于我们像野外的动物那样，生于尘土中，又埋于尘土里。
　　就算会死，那颗心也要求我们留下些什么。
　　我们想在死后被某些人记得，我们写一大堆东西，拍一大堆照片放在网上，我们留下遗产给别人，就算已经死了，我们还是在墓碑上、骨灰瓮上写句话或刻个名字，供人辨认。
　　我们要别人记得我们。
　　但我们要别人记得我们什么？
　　个性、才华、风格、为人处世……
　　最后都着落在大大小小的故事上：她曾经借钱给好友又当场把借据撕了，他们夫妻离婚又复婚，他在庙门口跪着硬要学武功被轰出来⋯⋯

这些大大小小的事,不见得都有头有尾,也不见得能从其中找出什么道理。但这些事前前后后彼此牵连,牵连出了一个个故事。我们这些渴求意义的人,可以在这些故事里面,抽取我们要的元素,加以排列组合,然后编织出所谓意义。

这就是我们需要故事的原因:我们不想莫名其妙、不知所谓地飘荡在宇宙中,我们需要意义,而故事提供了我们编造意义的材料。

如果被逼着接受活着没有意义,我们的身体会老老实实地接受,就像所有动物都根本不知道有意义这个东西,但我们的心会崩溃。

火山、海啸爆发时,伤亡一堆人,不分好人坏人,不分肤色种族。这时候人就必须从故事中找意义,说人类触怒了山神、海神,神明才用灾难表达愤怒与惩罚。

不编个故事,就找不出意义;不找出意义,日子就很难过下去,大家会不愿再守规矩,早上缺乏逼自己起床的理由。

场面再怎么豪华,都是别人的故事

有些人少年时彷徨,不知道自己要干吗;有些人一直在彷徨,一直不知道自己要干吗。

我是有时候知道自己要干吗,却也常常不知道自己要干吗。

彷徨的时候,我会想想故事。

我正在培养我对意义的态度：我希望意义能帮到我，而不是困住我。这其实也是我对很多事情的期望，毕竟活着就是需要尽量动员各种助力吧。当我需要意义的时候，我就相信意义，当我被意义绑住的时候，我就丢开意义不管。

意义并不是我的敌人，我不想打败它。我之所以努力想看穿它，只是想取得支配它的资格：我不要被意义控制，我要自由自在地跟它相处。

这是我想要有的对意义的态度，于是也成为我对故事的态度。

我愿意经历事情，我知道时间就是生命，就是我自己。时间过完，生命也就走完了，我也过完了一生。

故事跟意义要给我支撑，而不是束缚。

人很渺小，但不一定脆弱。在能力范围之内，驯服那些本来凌驾在我们之上、看似高不可攀的东西，把它们拉低一点，拉到我们够得着、用得上的高度。

常有人问："我不知道我想成为什么样的人。"

给一个简单的建议："当你不在场的时候，你希望别人讲什么关于你的故事？那个故事里出现的你，就是你希望成为的人。"

诚然，在西天取经的路上，沙和尚遇到的，都是堪称场面豪华的大事。

但人生其实不怎么需要那些豪华的大事。

豪华不豪华，场面大不大，都不代表我们跟这件事有关系。如果我们只是一味地去蹭那些看似辉煌的大故事，自我会消失得更彻底。

场面再怎么豪华，那些都是别人的故事。

当然，一定有人既没有故事，也不想要故事；他们可以接受像水豚那样终日瞌睡，像锦鲤那样终日发呆，不在意谁会在他们背后用什么方式提到他们。

愿意那样活的人，自然有他们的生活之道，他们大概也就用不到这本书。

这本书，不是叫人一定要起床的书，而是希望能告诉那些想起床的人，怎么找到每天起床的理由。

"后来呢？后来怎么样了？"这是听每个故事一定会问的问题。我们好奇故事怎么发展，因为我们觉得意义就躲在那里面。

对你自己的故事好奇，那是每天起床的唯一理由。

5

它们是因为我才存在的，当然是它们听我的

你想过什么样的生活，你的一切，都会收到你这张地图里，会看到你用笔圈出来的目的地。

"分手以后，一开始我当然很想念他……"热衷于谈恋爱的大刘海护士，一边调整我的点滴，一边向病床上的我倾诉。

我头晕晕，本来是听不清的，幸好这个句型我很熟悉，一听就知道，下一句应该是："但后来我发现，我真正想念的不是他，而是那个跟他在一起时的自己……"

护士调整好点滴之后，给我的手指夹上测血氧的夹子，然后说："但后来我发现，我真正想念的不是他，而是那个跟他在一起时的自己……"

这话我听过很多次，我相信说这话的每个人，都是真心感悟，不是在演文艺爱情剧。

"分手之后，我变得不一样了，我不再是那个恋爱中的我了。"

分手后变得怎样？不管是变得比较黯沉，还是变得比较勇敢，或是变得比较冷酷，反正当事人自己知道有了变化。

如果你也曾经有这样的体验，也许你就会同意我接下来要讲的这件事：<u>处境改变，个性就会</u>

跟着改变。

你应该觉得这个论调没什么好大惊小怪的,本来处境改变,人就会变。

关在监牢的人,放出来以后,当然会改变;每顿都吃很饱的人,一旦连续饿一星期,当然会改变。

天性
真是如此吗

电影《寄生上流》(*Parasite*)主角的名句"因为有钱,所以善良"得到广大影迷的共鸣,很多人都知道自己如果变得有钱了,人也就会变得不一样。

显然大家都同意,处境改变、状况改变,人就会变。

那么,个性会变,这应该可以同意吧。

奇怪的是,很多人都喜欢坚持"个性不会改变"。

最有名的那个寓言故事,讲蝎子拜托青蛙载它过河的,青蛙本来不答应,说如果游到一半,蝎子用尾巴的毒刺刺一下自己,自己岂不是死定了?蝎子当然否认说怎么可能,这样一刺就是大家一起死,有什么好处?青蛙听了有理,就载蝎子过河。游到一半,蝎子刺了青蛙,青蛙中毒下沉,蝎子也跟着下沉,青蛙最后问了蝎子一句为什么,蝎子答因为我是蝎子,我非这么刺一下不可。然后大家一起死了。

这个蝎子与青蛙过河的故事,最常被拿来举证"个性不会变"。

于是大家就卡在中间，有时候说"哎呀，人当然都会变的嘛"，有时候说"哎呀，人怎么可能说变就变呢"。

嗯嗯，卡在中间，其实是对的。

我在每本讲情商的书里，都不断建议大家忘掉黑与白这两个极端，抱着探索之心，游荡在广阔又充满弹性的灰色地带。

人不是蝎子，蝎子没有目标，人有目标；蝎子没有判断力，足以把过河列为眼前最重要的事，人却有判断的能力。

人何必把自己跟蝎子画上等号，然后说自己非刺那么一下不可？

又不是热血漫画里的人物，哪至于为了讲这么一句听起来有点酷的话，毫无必要地把自己搞到淹死？

所有把"我天性如此"抬出来当理由的人，只是因为不想改变而已。

是"不想改变"，不是"不能改变"。

根据你的目标，去调整你的性格

非常有影响力的在线文章发表平台 Medium 上面，有一位连续三年得到读者追踪数量冠军的心理学家本杰明·哈迪（Benjamin Hardy），他在文章中引用刘易斯·戈德堡（Lewis Goldberg）在《个性与社会心理学杂志》上的论文，介绍了"把性格分成五大特质"的理论，你可以看看这五个方面的你在目前的状态下，呈现出什么样的性格：

一、你有多开放：对于尝试新事物，你有多开放？

二、你有多严谨：对于想达成的目标你有多清楚？瞄得多准？

三、你有多"社交"：跟别人相处时，你的活力如何？你的亲密感如何？

四、你有多友善：你对别人有多友善？

五、你有多紧绷：碰到压力时，感到负面情绪时，你的处理能力如何？

看了这五个方面，你的第一个反应一定是：这哪有一定啊？看具体状况吧。

是的，看状况。

我们呈现出什么样的性格，主要是看状况而定。

恋爱中这样，分手后那样；没睡饱这样，睡饱后那样；在死党面前这样，在老板面前那样；你养的狗在你面前大便时这样，陌生人的狗在你面前大便时那样……

只要能同意我们的性格不是生下来就定案，不是不能再变的，事情就好办。

承认性格因时因地因人而异，承认性格是由各种起起伏伏、时松时紧的要素组合而成，是在一大片灰色草原上移来移去的，这就足够了。

为什么呢？

这样足够我们不再把性格当成脚镣手铐，而是把性格当成我们可以调整、可以运用、可以帮助我们达成目标的力量。

心理学家哈迪的建议是这样的：

"你真正该做的,是根据你的目标去调整你的性格,而不是根据你以为的性格去调整你的目标。"

你的一切,都是为了你而存在的

无数人坚定不移地大声说出这句话:"我就是这种人!"

可以不去质疑这句话,值得质疑的,是这些人为什么要这么大声地说出这句话。

这些人是要靠这句话来鼓励自己迈向一个目标,还是要靠这句话来纵容自己逃避?

喜欢把所有责任都丢给别人的人就不必说了,他们不会对情商这件事感兴趣的。

愿意看这本书,愿意靠自己来帮助自己的人,如果曾经误信"性格不可能改变",而被绑住了手脚的,祝福你在看到本篇文字时,小小地挣扎一下,也许绑了你多年的脚镣手铐,只是用纸做成的,一挣扎就挣脱了。

请记住:

形成你这个人的一切,都是为了你而存在的。

你想过什么样的生活,这等于是一张路线图,因为你才存在的一切,都会收到这张路线图里,会看到你用笔在图上圈出来的目的地。

你的一切,包括你的性格、你的回忆、你的价值观,都是因为你才得

以存在的,这些都应该服务于你,都该成为你的帆、你的舵、你的桨、你的水手。

不是你听它们的,是它们听你的。

你存在,它们才存在。它们没有什么好愿意或不愿意的,你愿意就好。

6

感受力，比意志力更实惠

期待与向往，能够带动我们，

一步一步，微小但有方向地靠近我们想完成的目标。

- 刈包是一种小吃，三层肉配花生粉夹在馒头里面吃。

  刈包也是我们家狗的大名。

  刈包此刻正躺在沙发上呼呼大睡，怎么叫也叫不醒。

  我把肉干拿到刈包的鼻子前晃了几下，刈包先是略睁迷茫的眼，接下来立刻闪电般弹起，摆出准备进食的姿势。

  小狗刈包为什么能从甜美酣睡中猛然振作而起？因为它感受到它最有兴趣的东西来了！

  小狗不是因为意志力而振作，它是因为向往的感受而振作。

  驯狗的教练，在辅导我跟刈包相处时，一再提醒我作为主人要赏罚分明。教练给了我一个小小的手控响片，一按就会"咔嗒"一声。

  小狗收到主人的指令之后，接下来任何微小的动作，只要有一丝一毫是有助于完成指令的，主人就要在小狗动作的瞬间按下响片，同时赏一小口食物。

  例如，希望小狗去捡拖鞋，而拖鞋在小狗的身后。当主人下达指令"捡拖鞋"之后,小狗只要稍微转向身后,就算得分,就要按响片;或者小狗完全没动,只是转头看向身后,也算得分,当下就要按响片。

小狗听到响片"咔嗒"一声,就能吃到热爱的零食,它发现稍微转动身体就有"咔嗒"声,它一步一步地知道了主人的指令,肯定是要向身后去探索,才可能完成的。

我们当然不是小狗,但我们每次收到指令之后,也是一样地期待"咔嗒"声,以及随"咔嗒"声而来的奖励。

考试多拿一分是没啥感觉的,但多一分之后,得到老师的称赞或同学的羡慕,那是有感觉的。

站上磅秤,数字变小,那也是空洞的数字,是没感觉的,但减少一公斤体重之后,得到医生的肯定,能扣上本来扣不上的扣子,那是有感觉的。

向往的力量,超越钢铁意志力

有些主人把食物放在小狗的鼻尖,训练小狗眼睁睁地看到食物却不能吃,连动都不能动,直到主人下指令说可以吃,小狗才会动,才能吃。

表面看起来小狗像有意志力,但事实当然是小狗期待完成指令之后,会得到它很有感觉的、滋味美好的奖赏。

我们都曾经要求自己要有意志力,要有纪律,我们也都多多少少靠着意志力,在短期之内完成了某些困难的任务。

只是,意志力的额度有限,死命地用意志力支撑,最后往往迎来的是意志的瓦解。

意志力很难持久，意志力也很不日常。
相对地，感受是持久的，感受也很日常。

为自己建立广泛的感受力，鼓励自己去接触事物，可能进一步喜欢事物，就会有各种期待、各种向往。

期待与向往，能够带动我们，一步一步，微小但有方向地靠近我们想完成的目标。

请不要误把意志力想象成钢铁，不要把它想象成没血没泪的人才能拥有的东西。

以向往为基础的行为，就能够看起来很像有意志力，很像小狗坚定地顶住鼻尖上的饼干一动也不动。能够完成这个指令的力量，其实来自向往，向往的力量，超过钢铁意志的力量。

不用逼迫自己要像超级英雄那样移山倒海，真正实惠的能力，是领略生活中各种报酬的能力。

如果没有情感，
理性也就无法存在

这本书非常在乎"感觉"：你对生活的感觉，你对人的感觉，你对自己的感觉。因为感觉是一切。

哈佛大学的心理学教授吉尔伯特（Daniel Gilbert）研究了一堆神经认知学之后，得出了这样的结论：感觉不只重要，感觉是最重要的。

我们习惯了二分法之后真的很误事，连感情与理性都被我们分到了两端。只要有人说他很理性，我们会自动把他想象成冷酷无情的人。

事实上，我认识的所有擅于理性分析、能够果断行事的人，都同时拥有丰富的感情。

他们不一定是正直的，也不一定有高尚的理想，但他们绝对很有感情。

感情与理性，当然不该被分在两端。

没有感情的理性，什么都做不到。

举例来说，只用理性判断，完全不涉及感情的话，火灾时是要救你养的猫，还是救另一只不认得的猫？面前放着营养成分一样的饺子跟面条，要吃哪一个？两个球队决战时，要帮哪队加油？只剩理性的人，面对这些问题，根本做不出选择。

神经科学家雷勒（Johan Lehrer）下了结论：如果没有情感，理性也就无法存在。

机器人会做的事，我们丢给机器人去做。我们要活成机器人没有的样子。

机器人确实可以不吃不喝地存活千百年,但想象一下那样没有感情的寿命,你只会觉得那是惩罚,是服刑,不是生活。

让这本书陪你一起,一点一滴地恢复对感觉的在乎,那才可能谈得上"对自己好",才可能谈得上"对生活的爱"。

7

尝尝用心却仍搞砸的滋味，来预习如何面对搞砸

在承担得起的时候，用心地搞砸一件吃得消但仍然很受伤的事，来预习未来可能承受的痛。

・・
　　我面前是电影圈的知名经纪人，她代理好几位很有号召力的明星。

　　她帮旗下一位演技极强的人气男星接了一个很烂的剧本。

　　"我当然知道这个剧本很烂。他也知道。"经纪人说。

　　"所以，是为了轻松赚钱吗？"

　　她狡猾地笑笑。

　　"钱是一定要赚的啊，康永。但是，演烂剧本并不表示工作会轻松哟。"

　　"那为什么要接？是推不掉的人情吗？"我问。

　　"他已经连着演了两个好剧本了，他还这么年轻，他应该用心地去演一个烂剧本看看。"经纪人说。

　　"这是什么歪理？"

　　"他要用心去做，可是拍出来是烂片的概率超过百分之九十九。上映的时候，票房会很烂，他会被骂，我也会被骂。"经纪人说。

　　"这样有什么好？"我问。

　　"他会尝到搞砸的滋味，他会切身体会以前称赞他的人，翻脸就会把他骂得一文不值。他会知道演的电影不卖钱是什么感觉，会发现朋友想安慰他又找不到恰当说法有多尴尬。"经纪人说。

"简单地说，就是要他自讨苦吃。"我说。

"嗯，不用老是想讨好，人生没那么多'好'可以讨要。"她说。

照这位经纪人的意思，就是不要犯廉价的错；犯廉价的错，只会不当回事，变得吊儿郎当。

要犯用了心的错。要体会犯错以后，别人根本不理我们的努力，仍然给我们的脸色。

然后练习不被这种脸色吓到，渐渐就有了胆子。

要冒险，也要能幸存

人生只有一次。伸头是一刀，缩头也是一刀。

因为没有胆子而一直缩着头，吹不到人生的风，照不到人生的光，怎么可能有活着的感觉？

不过呢，当我刚写完以上那段话，那位经纪人把头伸过来，她看了看我写的，忍不住提醒我。

"康永，这只是吹破一个气球，在脸上炸了，让他痛一痛、学一学，还可以同时让他知道怕，可不能去玩真的炸弹。"经纪人说。

我愣了一下。

"所以，既希望他胆子变大，又希望他胆子不要太大？"我问。

"是啊。"她说,"学着拿捏,恰如其分。"

所以,在承担得起的时候,用心地搞砸一件吃得消但仍然很受伤的事,来预习未来可能承受的痛。一方面要学乖,从此尽可能避免更大的痛发生;另一方面,在必须面对这么大的痛时,准备好需要的勇气。

不害怕终将造访的猛虎,别招惹不必招惹的恶龙。

人生嘛,要冒险,也要能幸存。

8

向一个人证明自己就够了

没有全世界,
只有一个个对你而言重要或不重要的人。

-
-

"康永，我要向全世界证明我自己。"他说，眼睛放着光。

他是小提琴演奏家，刚获得世界比赛冠军。

"好啊。"我说。

这种动漫式的热血时刻，多少要配合一下，但我提不起劲。

他看着我，挑起一边眉毛。

"你怎么不太热血？"他问。

我叹口气，拿出手机，搜寻"当今世界最有影响力的前十人"，拿给他看。

"他们是世界最有影响力的十个人，你要向他们证明你自己吗？"

他看了一下名单，想了一下。

"也许，有一天我能有机会在他们之中某一位的面前演奏，但我没有要向他们证明我自己……"

"怎么说？"我问。

"因为……他们不认识我，他们对我根本没有期望啊。"他说。

"所以，只要向对自己有期望的人证明自己就好了吧？"

他想了一下，点点头。

"你不必向全世界证明自己。你只要向对你有期望的人证明你自己。"

修正：只要向对你有期望，而且你在乎的人，去证明你自己。

剩下的对我们既没有期望，我们也不在乎的那些人，跟他们共存，跟他们交涉，跟他们合作，但不必向他们证明自己。

设立目标时，不要情绪一激昂就信口胡说，说完就忘，那样会令我们对"立目标"这件事情越来越轻率，渐渐地就不再能认真看待目标。

别执着于向不必要的人证明自己，那是花费不必要的心力，没有效率，也不会带来成就感。

不要认真想着取悦全世界

如果我们有机会听听人在死前的心声，就会发现几乎没有人在死前挂念"东西"。

"我那栋房子的漏水修好了没呀？""我存了半年薪水才买到，却一次都还没用过的那个包包怎么办？""放了一个礼拜的内裤，忘记洗了……"不会挂念这些东西。

挂念的，都是人。

爱的人，闹翻了的人，不那么爱却相处了一辈子的人，很想念却对不起的人。

既然一辈子都花费心力跟人打交道，当然要严格地筛选值得在意的人。

向这些真心在意的人证明自己就好，不然就算在想象中以为已经向全世界证明了自己，但唯独没有得到那一个人点头，还是没办法安心地说出那句"这一切都值得"。

但也请记得"一念之间"的原则，如果你在意的人，无论如何不会认可你，那么，请容许我建议：你要做的，不是死命等待那人的认可，而是转移你在意的对象。

比方说，你出的产品是针对青少年的，那么青少年的认可，一定是这产品能卖的关键，而你在意的长辈未必能欣赏这个产品的妙处。这时候，最好就运用情商的"一念之间"，转而由青少年的认可来得到成就感。

无论如何,不要认真想着取悦全世界。没有全世界,只有一个个对你而言重要或不重要的人。

请精挑细选。对人对事,都精挑细选,才不会疲于奔命,却又觉得不值得。

9

神经到底要粗在哪里才值得呀

我们对活着的各种不确定能承受多少，这决定了我们是能放开手脚地探索人生，还是怕这怕那，以致寸步难行。

我很少遇到拳击手，在我看过的拳击电影里，印象最深的是眼前这位拳王洛基（Rocky），他从记忆中浮现，我恭请他坐下，并且奉上一个细瓷茶碗，且看他有什么要指教。

拳王手劲太大，才刚拿起茶碗，碗就裂了。

我赶忙为拳王拭衣换碗，拳王可惜这细致的碗就此报销。

"区区一碗，哪经得起拳王神力？"我说。

"唉……"拳王叹了口气，"我这点力气，跟生活的重拳比起来，微不足道。"

"没想到连拳王也嫌自己力气小。"我说。

"康永，能够使出来的打击力，怎么比都比不上生活的拳头啊。"拳王说。

听起来平平无奇，却是电影史上最有名的金句之一。

"活着，不是看我们有多能揍人，而是看我们有多能挨揍啊。"他说。

"是的是的，我看过《洛基：勇者无惧》（Rocky Balboa），听到这段话就曾一直点头……"我说。

拳王接着说：

"活着，是看我们能挨多少拳，却依然往前走。所谓'赢'，就只有这种赢法。"

说完，拳王忍不住握紧了手，幸好这次我给他换上的茶碗是不锈钢的。

生命不是程序，不会凡事有答案

不是看你多能打，而是看你多能挨打。

但跟拳王讲的略有不同，我想讲的忍受力，不是忍受挨打的能力，而是"忍受没有答案"的能力。

心理学家为受不了不确定的程度取了名，也设计了测量表，名字叫 IU，也就是"无法忍受不确定"（intolerance of uncertainty）。

为什么心理学家这么重视我们能不能忍受事情没答案，能不能忍受生活的种种不确定？

因为这就是所有忧虑的源头。

"明天考试会过吗？"

"结了婚会不会很窒息呀？"

"我的人生就这样子了吗？"

没有人给我们答案。

有些宗教会给答案，能不能安慰到你，那要看那些宗教的本事。

反正信教信得很认真的，把忧虑都推给他们信的神明就好。信徒是不是从此就免于忧虑，那是那个宗教与它的信徒之间的事，如果他们对所有事已有答案，自然用不上这本书。

这本书在乎的是仍然没有答案，仍然充满忧虑的你跟我。

如果都有答案，都能确定，那就是程序，不是生命了。

承受力，才是赢的关键

平常在讲力量，大家一定先想输出的力量：

打出一拳能推倒一面墙吗？

花出一千能赚回两千吗？

很少人想到要培养承受的力量。

我们总是轻视防御力，又太重视攻击力。

看任何战争场面就知道，如果防守方的防御力足够的话，攻击者其实很脆弱。

外来的攻击者，经历跋涉之苦和途中的重重考验，既没住的又没吃的，时间久了很容易就饿死冻死或病死。

只是攻击力看起来很唬人：大石头砸城墙、大木头撞城门，气势惊人。

而城墙与护城河是沉默的，默默地承受攻击，显不出什么戏剧张力，很容易被忽视。

日常生活的承受力、身体健康的防御力，都是这样被忽视的。

塞车时就暴怒，交通顺畅时却只当成理所当然；重感冒了就哀号，不感冒时根本忘记是免疫力在抵抗一堆乱七八糟的病毒。

习以为常，当然就忘了"承受力"的存在。

可是，如同拳王所说：承受力，才是赢的关键。

生命就是一连串的不确定，一连串的没答案。

就算这一秒好像确定了，下一秒也立刻变得不确定。

一个酒醉的驾驶员开车撞过来，一台冷气机从楼上掉到人行道，一秒就足以改变本来很确定的存在。

我们对活着的各种不确定，能承受多少，决定了我们是能放开手脚地探索人生，还是怕这怕那，以致寸步难行。

怎么加强承受力？

只能一点一滴去加强啊。城墙就是一块砖一块砖砌的，免疫力就是一天一天累积的。

很多神经粗的人，是人际方面的讨厌鬼，因为他们的神经粗在错的地方：该有的感觉没有，该有的共情能力也没有。

但神经很纤细就好吗？我的建议是，该粗的地方还是要粗，要经得起丢城墙的石头，要挡得住死缠烂打的病毒。

最管用的，就是简单利落地接受：活着就是一连串的不确定，不要再妄想确定，而是反过来，培养对不确定的忍受力。

光是翻开这本书，就已经是加强"忍受不确定的能力"的开始。

10

情绪太大时，
去更辽阔的地方

我们要学会的，是转换心情：
一粒一粒的沙，堆出了喜悦；
一滴一滴的水，汇成了悲伤。

平常是医生，晚上变成嘻哈歌手，颈上一条黄澄澄的金链子，挂着听诊器，有时候在台上嘻哈，唱到一半被通知有病人要出急诊，就穿着垮裤赶去医院。

"你做医生快乐，还是唱嘻哈的时候快乐？"我问。

她是肠胃科医生。

"康永，你知道吗？病人一开口，都只说'医生，我胃痛'，至于是什么程度的痛，都要再花点力气问。"嘻哈医生说。

"因为病人自己也不知道她多痛呀。最多她也只能说比踢到桌脚痛很多，但没有生孩子那么痛，那也还要她经历过自然分娩才会知道吧……"我说。

"也许把看不见的量尺随时带在身上，想到就量一量这次的状况，大概是多少程度的痛苦或悲伤……"她出于嘻哈本能，押韵了。

呦呦……嘻哈医术两边都不能忘，难以忍住那随时想押韵的心情……

情绪是沙堆，不是山

情绪到了什么程度，是比较出来的。

从"我想我是快乐的"，到"我很快乐"，到"我真的很快乐"，我们每个人虽然没有时时用尺量，但总是在摸索自己的情绪。

平常随口祝人家生日快乐，年复一年，渐渐心虚，觉得似乎不够，纷纷改口"祝生日大快乐"，仿佛不这样讲，担心快乐会变得太小份。

但总是不能像小学生斗嘴那样，把快乐吹得越来越大，夸大到"银河系快乐""全宇宙快乐"上去。

在可测量的范围内，老实地摸索自己的情绪到什么程度，可以使我们比较容易转换心情，关键就是明了情绪都是一点一滴的，不是一整块一整块的；是沙堆，不是山。

快乐可以被我们先放到一边去。我们不太会想要摆脱快乐。十分的快乐还是一分的快乐，我们都很欢迎。

且来研究一下悲伤吧。

小的悲伤也许就算啦，刚买的冰激凌掉在地上，又不好意思捡起来再吃，或者看到路边有小狗在淋雨却没办法停车去帮忙，这些悲伤，好好地体会，更有助于跟自己变熟悉。

但巨大的悲伤，像黑色汪洋一样困住那些小的悲伤，可以拿它怎么办呢？可以一点一滴地缩小那巨大无比的悲伤吗？

也许你愿意试试这样的建议：

当悲伤过于巨大时，想办法移到"比自己大几百几千倍"的地方去待着。

当悲伤巨大到没的商量，移动到令情绪变渺小的地方

什么是"比自己大几百几千倍"的地方？

大自然。

随便一棵树、一块石就比我们老这么多年，随便一阵风、一片云就比我们自由这么多倍。

怀抱巨大悲伤的时候，继续待在充满别人的世界，会难以脱身。因为对我们来说巨大的存在，对身边这些人来说也一样巨大。

无常的事，对所有人都一样无常。

这些人当然可以提供慰问、拥抱、照顾。可惜他们同为凡人，不太可能带领我们超脱此刻的困境。

当悲伤巨大到没的商量的时候，移动到可以令情绪变渺小的地方，可能比较透得过气来。

诗词的内容是悼亡时，诗的最后两句往往转而去描述天光云影、草原或河流；爱情电影的结局很悲伤时，最后的镜头也总是拍向辽阔的天际或星空。

因为人间已无处可去，唯有躲到更辽阔的地方，让自己恢复一点呼吸。

大自然里，没有表情但又充满力量的种种，多少能转移我们的念头，让我们在悲痛的同时，一点一滴地领悟生命本就如此，花朵开谢，云朵聚散，季节来去，天地无言。

我们没办法成为绝对快乐的人，世上没有这样的人，如果有，也是硬掰的。

我们要学会的，是转换心情：一粒一粒的沙，堆出了喜悦；一滴一滴的水，汇成了悲伤。

不用硬把悲伤当成一整块来对付。试着让大自然的信息、大自然的力量，渗透也好，吹拂也好，一丝一丝地搂着我们，慢慢地让悲痛退去，成为不再困住我们，但也不会被抛下的回忆。

11

谁叫你要敞开你的心

"不"字要能说出口,
心的大门要能一点点掩上,
这都不会是一天能练成的。

图画纸上画了一座城堡，但城堡的大门是打开的，有位国王倒在大厅的中间，身上中了三根箭。

这是陈芇予同学画的画。

"这个国王怎么中了三箭？"我问。

"敌人本来只是乱射一通，但因为这个国王没有关大门，箭就射到他了。"陈芇予说。她的口音竟然带一点法文腔调，因为她念的是一所法国小学。

"他不是特意盖了城堡，筑了很厚的城墙，怎么不关门呢？"我问。

"这个国王一直觉得要敞开大门，欢迎所有人，所以他都不关门。"陈芇予解释。

"我看你画的这个画，国王的城堡还特别装了很牢固的大门，有门却不关吗？"我问。

"是的，他有门，但他不关，然后就中箭了。"

说完，陈芇予小朋友似乎已经用完她的耐心，把画卷起来，去吃她的熔岩巧克力蛋糕了。

是啊，有门不关，似乎是不少人会做的事呢。

在我前两本讲情商的书中，有建议我们一起练习如何设下人际的界限。这样在人际关系上，才能进退有据。

这个进退有据的"据"，就是依据，就是心的大门啊。

有门却永远不关，不但辜负了门，也完全不尊重自己的心。

你如果爱惜你的家，一定会在大部分时候把门关上，然后由你来选择，有时是你主动邀人上门，有时是别人敲门，你去应门，看看是什么状况。

你不会放任心的大门一直开着，我们又不是在马路上开店，随时欢迎路过的人光临。

门老是开着，虽然未必会像画中那位国王一样中箭，但绝对防止不了一些不知分寸的人有意无意地侵门踏户，开冰箱的开冰箱，上厕所的上厕所，把你内心的家搞得乱七八糟。

关上心门，从"拒人于一尺之外"开始

这本书讲的某些事，实行起来需要一点不在乎别人的勇气。

在平常生活中，光是跟人顶嘴，很多人就不敢或不愿。

我的主要工作之一是主持节目，我常跟来宾唱反调，因为这样比较有趣。就算路人吵架，大家都有兴趣围观；相反地，宾主握手言欢，就没人要围观，宁愿去看街边的野猫互抓。

我占了主持工作的便利，可以练习跟人唱反调而且乐在其中。即使平常聊天，我也会适量适时地唱反调，这样能使对话有意思得多，

而不是你好我好哈哈哈，聊了好像没聊。

但是对没有受过主持训练的人来说，很可能觉得唱反调在拿捏分寸上颇耗心力，更要担心会得罪人。

那我们就来看看，如何在平常就偷偷练习，练习一步一步地设下人际界限，把本来就不该老是敞开的门，一寸一寸地掩上。

首先，只选有趣但无关痛痒的事来敞开心扉。真正重要的事，关在门后面练习。

我们要保留一些东西令人好奇，供人慢慢探索。这一方面会加强你在别人眼中的魅力或分量，不会变成随便就露出肚皮让人摸肚肚的小狗；另一方面，可以提供你很多闪躲的空间。当你要拒绝任何事时，总是会需要一些理由：家人感冒要照顾，已经答应帮朋友搬家或早就报了名要去上德文课，等等。中学生太早就抬出"参加祖母丧礼"这种理由去请假，这略显莽撞，毕竟祖母也没办法常常扮演这样的角色。

"不"字要能说出口，心的大门要能一点点掩上，这都不会是一天能练成的。

有句话叫"拒人于千里之外"。

一开始就"千里之外"太猛烈了，好歹从"拒人于一尺之外"开始。

你的收获会是：别人不再把你当成理所当然。

> 放慢了回答，
> 你的回答就会有分量

怎么逐步累积拒人的气场呢？

最简单的开始，就是"放慢"。别人提问时，放慢你回答的速度。

听到别人发表高见时，不要急着同意或反对（但听到好笑的笑话，还是建议立刻笑，拖三秒再笑会显得智商低）。

练习的大原则，就是放慢速度。

变慢不是叫我们演戏，不是像某些老派演员为了让镜头在脸上多停留几秒，叹一口气要分成三段。

变慢是训练自己在这几秒当中，思考对方提出的要求意味着什么？是真正需要你，还是其实找谁都行，找你就是图个方便，还是欠过这人的人情，这人来要你还了？

你花几秒思索，对方也就只好等着。需要等的事物，一定比较值钱，这是任何排过队买包包或买手摇饮料的人都能体会的事。

呼之即来的人，没有存在感，可有可无。可有可无的人际关系要来干吗？

你的回答可以放多慢呢？

"真不好意思，现在没办法回答，我过一小时就回复你。"

就算是一件怎样都逃不过的事，但让对方等了一小时，就是累积了一小时的分量。

会有人担心这样会渐渐得到"难搞""死样怪气""跩什么跩"这类评价。

那么，被人讲"好搞"，然后不知所谓地瞎忙一通，是你想要的吗？

如果连这样子的"说不"练习都却步，那要怎么跟从小到大被灌在脑中的、乱七八糟的各种价值观说不呢？

鼓吹"辛劳吃苦才是正路"的价值观，难免跟"省力走捷径"的价值观相抵触。练习了对某些价值观说不之后，在面对"走捷径就是偷懒"的指责时，是否有能力回答："偷懒有什么不好吗？"

不走捷径，那等于是叫人永远别搭车，只用腿走路，所有车子可以走捷径时都会选择捷径，讲求效益的基本都会不浪费能源、不乱绕路。

情商帮助我们平静自在地"说不"。

拒绝是说不，把心的大门偶尔关上，也是说不。

对那些成功标准、名牌鞋包、上千点赞，都能渐渐说不，我们才有余裕去体会丰盛有感的人生，而不是别人定义的成功人生。

勇气要一点一点地养成，大门要一寸一寸地开关，走一步就会有一步的成绩，一滴滴的水会汇聚成河流。

在一点一滴的累积中，你会发现你"开始"做自己。

12

别闹了，生活怎么可能有道理

不要对矛盾大惊小怪、口诛笔伐，
尤其是对我们自己的矛盾。

"这次真是痛到我再也不要生小孩了。"她说。

她是比基尼名人,腰细到不合理。每次比基尼照片放出来,大家都以为她根本就是修的图,修到身后如果有比萨斜塔都会变直的程度。

但在腰这个部分,她真的没有修图。我见过她本人,腰是真的细。

她坚持自然生产,结果痛得要命。已经生完一个月了,显然余悸犹存。以她的身材来说,自然分娩真的很痛苦。

"老天既然要我们生孩子,又把生孩子搞得这么痛苦,这不是很矛盾吗,康永?"她说。

我没生过孩子,没办法感同身受。但这矛盾很明显。所有动物中,只有人类生孩子才这么危险。

"是的,老天常常很矛盾。"我同意。

大自然有很多矛盾的事,活着就是集矛盾之大成。

地球上最多的是咸水,但陆上动物必须喝的是淡水,这很矛盾。豹子猛追兔子,就算追到了,兔子肉提供的能量,常常抵不上豹子追兔子消耗的能量；我们太爱一个人，很容易就变成很恨那个人；我们越是加班赚钱，就越没力气花钱。

最直接的大白话：生命被制造出来，然后过一阵子又注定死掉、消失，这个过程就很矛盾啊。

矛盾是这么正常的事，为什么到了我们眼中，变成要大惊小怪？

"你这样根本前后矛盾啊！""你说一套，又做一套，你超矛盾的好吗？""你可不可以头脑清楚一点，不要那么矛盾了？"……

矛盾被讨厌，变成了罪名，变成不可接受的事。

因为人类希望生命是"有道理"的，会依照道理来进行，这样比较知道下一步该怎么走，于是什么"言行一致""善恶有报""天道酬勤""失败是成功之母"，这些大道理纷纷出笼，层出不穷。

这些话都很好，都是给生活摇旗呐喊的很好的促销文案，但它们当然不是真理。

任何开始体会生活的人，都知道生活根本不依道理而行；相反地，生活充满了矛盾。

所有矛盾都很正常，没什么好羞耻或自责的

我们要先接受矛盾是常态，矛盾的事或矛盾的人，都不必一味地指责。

然后呢？难道活着就再也不讲道理了吗？

当然不是。

人类虽然喜欢假装看不到生命真相，然后自顾自地搞出很多群体生活要用的规则，像是守法、结婚、交税、报户口、上学、上班，这些都派上了用场，支撑住了群体生活且防止了大家天天抢夺打架、满街拉屎，但遵守这些规则的同时，还是没办法把这些"道理"都当成"真理"。

"道理"支撑我们的生活能进行，但生命有很大部分不归道理管，在那些地方，矛盾自然会正大光明地上场。

学着把矛盾当日常，尤其是自己身上的矛盾。这是我在练习的事，这令我更容易平静。

如果我们是诚实的，我们就会一直是矛盾的。

我们对每个人每件事都可以是爱恨交织的；我们对自己可以是既心疼又残忍的，既坦诚又欺骗的；我们对生活可以是既贪恋又厌倦的……

只要你愿意对矛盾轻松看待，对世界也就不会再那么严厉。

活着，不是来这世界当法官。很多人指责世界混乱，指责生活现实，指责人心反复。这些指责也许很精到，但对生活有什么帮助呢？

什么都入不了我们的法眼，我们当然就觉得什么都不值得。

但在脱口而出"这不值得"之前，先放下法官手中的天平，别再审核，而是去感受。

只要你愿意放下那些硬塞进我们脑中的虚妄标准，你对生命的感受，应该又可以扩展很多，深刻很多，也丰富很多。

II

懒很好

1
拖,是一定要的啊

在旁人眼中,这或许是一个颓废的开始,
但对我们自己来说,这就是一个不折不扣的开始。

拖是一定要拖的。能够丝毫不拖的事，恐怕也不具备推动自身进化的力量。

拖，一方面代表疑虑，另一方面代表期待。

疑虑是因为害怕做不好。我们为什么会害怕做不好？因为我们希望自己要做好。

如果说做就做，很快做完，然后做坏了，一定会自责："为什么要这么急躁？为什么不准备好了再做呢？"

这种"等我准备好了再做"的心态，很可能会堂而皇之地变成我们拖延不做的理由，于是开始拖。

就像牛奶放久了会酸臭一样，理由放久了也会酸臭，变成很废材的借口。

拖延的感觉很微妙，很像一边知道自己太胖，一边却忍不住伸手去抓薯条来塞进嘴里。也就是说，在充满强烈罪恶感的同时，又感受到一丝任性的愉快。

"哎呀，康永，我为什么每件事都这么爱拖

呀……"她哀叹着。

她是业界成绩很不怎么样的一位节目制作人,如果她现在就当场退休,也不会有任何人惋惜。

她哀叹着自己的爱拖恶习,躺平在地上。

"我也很爱拖啊。我每次都希望:拖着拖着,要做的事就会自己消失不见。"我也"躺平"了,哀叹着。

"但要做的事,并不会自己消失,对吧?"她说。

"是啊。"

"为了不想洗碗,就偷偷希望地球爆炸,这样也太小题大做了,对吧?"

"是啊,而且会连累很多爱洗碗的人。"我说。

"你有什么办法吗,可以让我们不要这么爱拖延?"

没有羞耻感、不费劲的振作

把要做的事极度地简化，然后去做：再怎样简化，都不要觉得羞耻。

比方我们想做一个仰卧起坐，但一想到要做仰卧起坐，就忽然变得一丝力气也没有。

这时，我们把仰卧起坐去掉"仰卧"，简化为"起坐"。只要挺起腰，从椅子上站起来就好。

"什么?! 只是从椅子上站起来而已吗?! 这只要没有断腿的人都做得到吧?! 这样也有脸叫作运动吗？这也太可耻了吧！"

简化到这个地步，也许很丢脸，但反正没人知道，重要的是，你完全做得到，完全不必迟疑。

有开始做的意识，这就是"振作"。愿意振作是最珍贵的，别让无聊的羞耻感浇熄它！

就算小到微不足道的振作，也只是振作的程度还没到显著的地步而已。
可以自得其乐地称为"不费劲的振作"。

不要小看这件微不足道的事。这件小事如同一艘大船上立着的小旗子，在岸边看到小旗子靠近，就知道船也在靠近。

提高情商的关键，常常就是一念之间。

再怎么小的振作，还是把开关打开了。一旦开关打开，原本对于那件事的疑虑、恐惧，都会变得可以测量、斟酌，不再漫无边际。

你的拖延，本来似乎让你以为你不愿意，但最开始的小小一步，即使很废材，却能令你瞬间明白：其实你是愿意的。

你愿意，一切就都有可能。

从一小步开始

在动漫里面，只要人类必须跟巨人打架，最常瞄准的就是巨人的眼睛，再来就是瞄准巨人的脚跟。

对比巨人整个躯体的巨大，眼睛和脚跟都是很小的局部，但那是一个有效率的起点。

想学英文的人，可以由听一首英文歌开始。

想学投资的人，可以由买一门教你投资的课程开始。

我写现在你正在看的这本书，也拖得够久。虽然我一直满心期待把这本书写出来，以完成我希望介绍情商的三重点：明白、恰当、一步一步来。但我这几年还是能拖就拖。

我一边拖，一边想找一个感觉最不累的点下手，以便我"假装已经开始写这本书"。

"什么是一本书字最少的地方呢？"我鼓励自己无耻地想着。

"啊，是书名！"

书名再怎么长，也是整本书字最少的地方啦。

于是我拿出手机，瞬间就取了三四十个书名，有的粗鄙，有的艰涩，有的天马行空。

我用"取书名"这么不费劲的小动作，掩饰我的拖延；就这么拖着拖着，一路取了两百多个书名。

我的船的小旗子就这么不怕丢脸地在风中飘扬，虽然始终不见船身，但我的开关已经悄悄打开。

我对自己的爱拖延，一点也不引以为傲。

但人生为什么要有那么多的引以为傲呢？

能够引以为傲的事，有个一两件，已经要谢天谢地了。

我知道很多人跟我一样，顾不上什么引以为傲，每天能起床，已经很耗力气啦。

不费多余的力气，是所有生物的本能。

这本书，相信的是不费力的开始，然后一步一步前进。

那个第一步，就代表着"你愿意"。

2

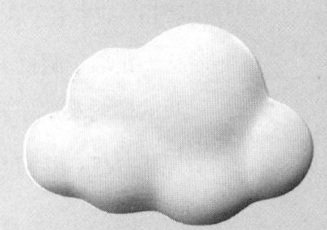

我佩服"更好",
但我喜欢的是"更好过"

从一切发展来看,人类一直都是"看起来是想变得更好",实际上,我们只是想"变得更好过"。

- 持续地做一件事。第一步之后,跨第二步。第一天之后,持续到第二天。

与其想成是为了"更好",不如想成是为了"更好过"。

不少人设定目标的时候,是照着"让自己变得更好"的向往前进的。

练语文、学投资、保持运动、拓展人脉,应该都是为了让自己变得更好、更优秀。

但我们真的都这么上进吗?

我们是人类。从一切发展来看,人类一直都是"看起来是想变得更好",实际上,我们只是想"变得更好过"。

为什么发明了轮子?因为想在搬东西时省点力啊。

为什么吃东西要加盐或加糖呢?那样东西比较好吃。

我们为了把日子过得舒服一点,往往愿意付出非常大的代价,用真金白银去买丝绸、细瓷,甚至为香料、燃料发动战争。

这些都不是为了让人类变得更好，而是为了让日子变得更好过。

这是本性。我们愿意为了好过付出代价。

想象"比较好过"，会更有动力

如果是为了变好而设定目标，就难免要诉诸很多不是我们本性的东西，比方说理想、纪律、上进心、自我要求……

这些字眼虽然常常听见，但听见的时候，多半是被教训的时候。我们扪心自问，平常没事是绝对不会跟自己说这些字眼的。

偶尔节食失败，又吃消夜时，或者还没存下该存的金额，就不幸先把月薪花完的时候，我们确实会在心里面自责几句"怎么这么没纪律""真是很不上进"，但在这样自责的同时，恐怕也不免浮现出另一个自己，耸耸肩膀，安慰自己："这也没办法啊，下次再加油就好了。"

要凭空想象自己"变得更好"，确实想不太出来。但要想象自己的日子"更好过"，很容易有画面。

穿上了比较有腰身的衣服，开着比较炫的车，约会去吃比较考究的餐厅，跟外国人聊天比较能谈笑风生……

用这些"比较好过"的画面来当成动力，会更有动力迈出第二步、第三步。

驴子前面吊的是胡萝卜，不是鞭子。

当然，一定有少数天纵英明的人，能够用纪律约束自己，喜欢想

象更好的自己,而不是更好过的自己。

对于这样的你,我也很荣幸能在这边向你表达佩服之意,当然,也请你体谅一下我们这种意志力薄弱的人吧。

日子,最好是我们愿意过的日子,而不是师长勉励我们过的日子,这样过起来才会感到值得吧。

3

努力最好不要
排在所有行动的最前面

被称赞"努力"的人,最大的恐惧,
是认识到自己除了"努力",
浑身上下找不出其他可称赞的点。

-
-

  这位作家,已经枯瘦到可以不刷卡就穿过地铁的栏杆了。

  "你怎么变得这么瘦呀?"我问,顺手舀了一大碗蒜头鸡汤给他。

  "我花二十年写的小说,只卖了六百本。"他说。

  我陪着叹了口气。

  "饭还是要吃的呀,何必跟饭过不去呢?"

  "我吃不下。刚开始写小说的时候,就有一位前辈告诉过我'你越认真写的小说,读者越是不看'。原来是真的。"他说。

  我没办法接话,因为我从来没有觉得认真就能换来别人的认可。

  你认真,是你自己的事吧?跟东西好不好,没有必然的关系。

  东西好不好,跟大家用不用,也没有必然的关系。

  在写作过程中体会到了创作的痛苦与快乐,那就是用全力去写小说的原因。

  不会是冲着写好之后能得的奖、能赚的钱、能出的名而去的。

如果单纯只是冲着这些东西而去，那么写作的二十年，只是在服务一场想象中未来应该会发生的赌局而已。

假设后来所写的作品没有畅销，没有得奖，那二十年还剩下什么？灰烬吗？

写小说的那二十年，对写作的人来讲，是选择的生活方式，不是畅销或得奖之前的"预备阶段"。唯有这个态度，那二十年才是值得的。

每一刻，都是有体会的当下

我现在写这本书，最大的写作动力，来自我对情商的三个信念：阳光般明白、微风般恰如其分、水滴般逐步累积。

我已经为"明白"写了一本书，也为"恰如其分"写了一本，我要求自己把介绍"逐步累积"的第三本写出来，这是我起码该做到的。

写这三本书的过程中，我每写一段，都会自问自答一番，清理自己的脑子，享受跟自己讨论的乐趣跟领悟。

跟大家一样，我的心也是充满妄念的神鬼之心，这事到死都不会改变。我需要找到方法，跟这颗神鬼之心密切地相处下去。

这是我写情商书的动力。

如果书出版后，能带来奖项、名利，我会高兴；如果没带来这些东西，我也不觉得写作的那些时光被浪费了。那些时光的每一刻，都是有体会的当下,不是为了追名逐利的预备动作。

我勉励自己用这个原则,去定目标,以免只顾着埋头赶路,成为只会盯着吊在前方的红萝卜的驴子,错过沿路的所有风景与人情。

努力,不一定有价值

我很庆幸参加过一个非常有意思的辩论节目,名称叫《奇葩说》。

这个节目每集有一个供大家辩论的题目,有时题目很奇特。

有一集的题目是"TA 真的很努力,是一句好话吗?"。

你觉得呢?你如果被称赞很努力,你认为这是一句好话吗?你高兴吗?

高不高兴,取决于从你身上被特别拎出来表扬的这个特质,到底有没有价值。

努力,有价值吗?

古埃及人的平均寿命只有大概四十岁,法老王命令当时的奴隶们拼了老命去凿石头,运石头,堆石头,堆出了一座又一座金字塔。那些努力一生的奴隶,临死前望着一座座金字塔,会觉得自己的努力有价值吗?

也许会,也许不会,这取决于这个奴隶是否在乎自己参与盖好的这个建筑物并不是自己能住的,而是给死掉的法老王存放尸体的。

这个奴隶很可能感到无比荣耀,也很可能想到这件事就一肚子火。

也就是说,努力,不一定有价值,要看情况。

如果古埃及奴隶们努力到第三十年时,天空忽然"咻咻咻"地运来一批机器人，这批机器人"咻咻咻"地用三小时就把金字塔盖好了。

这时候，即使本来深感荣耀的奴隶们，也会刹那间目瞪口呆，不知道要如何看待之前辛苦的三十年。

耗费的三十年是永不会再回来的。机器人用三小时盖的金字塔，丝毫不逊于奴隶们用三十年才盖成的成品，甚至三小时版的金字塔，切面更利落，线条对得更整齐。

努力，有价值吗？或许有，但这价值也可能只是建立在很脆弱的基础上：在缺乏更有效率的方案的情况下，这三十年的努力才是必要的。

如果出现了更有效率的方案，这三十年的努力就瞬间失去本来的价值。

现在人工智能拿到指令之后，可以很快生产出各种既复杂又生动的影片了。以前要花很多时间很多人力很多钱才拍得出的千军万马或恐龙决斗的场景，忽然就没那么稀罕了。

面对人工智能的效率，人类很难再以努力为傲。

就算是欣赏文学，也在乎效率

那位枯瘦的小说家花了二十年写他想写的小说，这是他的选择。即使小说出版的同一天，天空"咻咻咻"地落下一个写作机器人，用两小时就写出了一本更令人眉飞色舞的小说，这也不会夺走小说家在写作的那二十年之中，体会到自己活着的感受，那些感受已经妥妥地放入人生的口袋了。

埃及奴隶比较惨。金字塔不是他们要盖的，也不是他们能住的，

上面也不能醒目地签上制作者的名字。盖金字塔的三十年可能风餐露宿，所得仅够糊口，不时还会压断腿。这三十年说不上什么活着的感受，人生就这么过去了。

如果奴隶们临死前得到了法老王的称赞，说"你们真努力"，奴隶们会高兴吗？

努力，可能有价值，但肯定不是做一件事的过程中最有价值的部分。

我们从小被称赞了之后，听了会高兴的事，几乎都跟努力没关系。"美眉（妹妹）好漂亮啊""底迪（弟弟）好聪明啊"……

漂亮跟聪明是爸妈生的，不是努力得来的。

当成宠物的狗，得到的称赞都是"好可爱哟""真聪明啊""怎么这么乖"；拉车的牛可能一辈子没听过任何称赞，硬要逼主人称赞一句，主人可能想了三秒，憋出一句"你真是努力啊"。

脑筋转得快的人，一定优先追求效率，而不是追求努力。

"小说是文学，文学怎么能追求效率？"那位枯瘦的小说家质问的手指，指到我的鼻尖上。

文学是不是追求效率？那要看人类打算从文学中得到什么。

得到启发？得到安慰？得到欣赏美的喜悦？

不管是哪一种，都还是有效率可讲的。李白的诗就不断地提供启发、安慰，以及美；相对地，李贺的诗就提供不一样的东西，李贺的诗提供很多鬼气森森的气氛。

就算追求的是精神层面的收获，也是讲求效率的。

创作者花了多年心血，写出的小说，拍出的电影，对于观赏者来说，可能是一个很没效率的欣赏过程：读了十万字或看了两小时，结果既没动脑，也没共情，在乎效率的读者、观众，已掉头而去。

懒不是没力气，懒就是动力

把努力放到一边吧，我们来看看效率要怎么追求。

你要够懒。

懒，一直不是一个好字。

即使奇特如《奇葩说》节目，也很难定出一个辩题是："称赞你很懒，你会高兴吗？"

但先不用管高不高兴。

可以探索的是，想偷懒的心。

努力到了一个程度会累，累到一个程度，一定就想："有什么办法可以不要这么累吗？"

是的，整个文明，都是因为"可以不要这么累吗"而发展起来的。

一直跑很累，可以不要这么累吗？于是抓了马来骑，搞出了轮子又跟着搞出车子，文明就这么一步一步来了。

我们都以为懒就是没力气，但其实懒可以是巨大的动能，驱动了人类不断地发明设备，提供服务。

人生很累，怎样可以不要这么累？就是尽可能地制造能够逍遥的机会。

每天早出晚归地去上班，累，而且眼看要这么一路累几十年。如何得以逍遥？答案几乎只有一个：制造不上班的机会。

每天烦恼人际关系，累，而且花了力气也未必能改善。如何得以逍遥？答案也几乎只有一个：轻松搞定人际关系。

不上班？轻松搞定人际关系？听起来根本是吹牛！

是的，如果只是发懒，当然什么都搞不定，那就都是吹牛。

但如果在偷懒的同时，想象着各种逍遥之乐，追求能长时间地逍遥自在，而不是把懒表现为被迫起床前的赖床，表现为不想起身去关灯而练成的单手掷拖鞋拨动电灯开关的"神功"，如果能够不要把"懒"误解为这些琐碎的、治标不治本的行为，改变看待"懒"的角度，懒的力量就会出现。

4

"忙很好"只是
不得已的客套话

不要把"忙"本身当成了光荣的事。

如果可以有不忙的时候,放心地容许自己体会生活。

她说她一开始就选定要当医药方面的记者,她觉得,知道好医生比知道好吃的店,更能帮到朋友们。

"康永,我发现大老板们最近有个改变。"记者小姐说。

"他们开始整形了吗?"我问。

"不是整形啦。"她说,"前阵子,我们一些医药方面的记者聊天,发现喜欢吹牛自己不睡觉的大老板变少了。"

"以前大老板们喜欢讲自己睡很少吗?"我问。

"是啊。以前只要是那些社会认为成功的人,都很喜欢讲自己不休息、少睡觉、有毅力、爱拼命。"她说。

"现在呢?"

"现在,比较多的大老板愿意聊他们维护自己健康的方法,有几个老板,还特别强调了睡饱觉的重要性:说睡饱了,做的决定都是对的;睡得糟的话,常常想不清楚事情。"

终于,不再用少睡觉来标榜自己是超人了。

也许,在机器人越来越普遍的时代,终于领悟到再怎么不吃不睡，所做的也只是随便一个扫地机器人就能做到的吧。

别把"忙"当成"不知为何而活"的障眼法

只要你的行为显示为你很忙，别人就会勉励一句："忙才好。"

是吗？忙才好吗？忙有什么好？

我当然知道这句话是社交用语，我自己也不免讲这句话，因为对一个很辛苦的人，表达一定程度的羡慕，这是礼貌与支持。

起码，在失业率高、不景气的阶段，能有工作可忙，有生意可做，都是值得庆幸的事。这是"忙才好"作为社交语的正确理解角度。

但这句话讲多了，当然就有了塑造价值观的威力。

"忙，才好"，然后就是"闲，不好"。

"我紧张到失眠一个月，终于拿到那张三十万的订单！"大家拍手。

"我这个礼拜都在海边睡觉，我们家的股价是涨是跌，我全都不知道。"股东们表面安静，心里却偷偷皱起眉头。

甚至，领导公司的老板，如果不幸死了，也有"重于泰山"或"轻于鸿毛"的不同评价：过劳而死，死在出差奔波的途中或倒在办公桌上的文件堆中，会被认为是鞠躬尽瘁的悲壮死法；如果是滑雪摔死或是潜水溺死，可能会得到"唉，不好好上班，跑去学人家潜什么水……"这样的反应。

我们既然已经"从人沦落为所谓'人力资源'"，资源是有限的，是有成本的，当然就要"用在刀刃上"，而不是"用来闲着"。

大部分的人，忙是不得已的。

在这么辛苦的时候，如果能被别人一句"忙，才好"给安慰到，那就很好。

只是请不要把"忙"本身当成了光荣的事。如果有可以不忙的时候，放心地容许自己体会生活，所有你的严厉长辈认为"这有什么用"，但你觉得"这也挺不错呀"的事，都有可能让你忽然冒出"这才是生活啊"的感觉。

必须忙，就忙。

可以闲，就闲。

不要被原本是善意的应酬话冲昏了头，误以为非忙不可，不忙可耻。

请别把"忙"当成"不知为何而活"的障眼法。生活是我们自己的，何必用任何障眼法来遮蔽我们自己的双眼呢？

5

照重量计价的酒，
不会是最值钱的酒

了解自己，才知道自己有什么价值，
可以摆脱按小时计酬的处境。

每次我都拜托丹尼尔给我喝最便宜的葡萄酒，我请他把他手上那些贵得要死的酒，拿去招待他那些挑剔的、考究年份、考究葡萄品种又考究酿酒师的酒友。

丹尼尔开银行，他看钱的角度，跟我这种平民很不同。

"康永，演艺人员的酬劳，是按照工作几小时来算的吗？"

"看付钱那方是为什么需要这个艺人吧，有些艺人按小时计酬。"

"如果不是按小时计酬的话，还会用其他什么样的标准计酬呢？"丹尼尔问。

"演艺界的人有各种想实现的计划，有的计划本来八字都没一撇，但一旦主事者能够拉到一位有号召力的明星，光是对外宣称此案有这位明星参加，大老板们看到就有了信心，愿意投钱，于是这条本来在茫茫大海上漂荡的小船，就忽然有了引擎，有了舵，有了水手，俨然变成一艘有模有样的游轮了。"我说，"要是这种能让一个案子瞬间活过来的明星，那就拿怎样的酬劳都有可能。"

"嗯嗯,这种明星是案子的灵魂人物,多拿是有道理的。"丹尼尔点头。

"各行业的人也都一样,有用小时计酬的,也有用价值计酬的。"

"嗯嗯,葡萄酒也一样,有几升在卖的,也有稀罕到一瓶比跑车还贵的。"丹尼尔叹了口气,"如果论小时计酬,这个人一辈子能得到的酬劳,拿计算器按几下,就可以算出来啦。"

以你的价值来计酬,而不是时数

有些人看我之前的情商方面的书,也许觉得"了解自己"是件有空再做的事,是茶余饭后做了很好、不做也没关系的事。

反正就是件风花雪月、软趴趴的事。

容我提醒，不是哟。

了解自己，才知道自己有什么价值，可以摆脱按小时计酬的处境。

按小时计酬当然正大光明，没什么好羞耻的，但同时，也没什么好光荣的，就是很老实地赚钱。

如果觉得这样很好，那就很好。人生好不好，本来就是每个人自己说了算。

但如果不想一直这样，那就只好换个方法计酬：以你的价值来计酬。

不了解自己，要怎么以自己的价值来计酬？

不了解自己，要怎么知道自己到底有什么价值？

了解自己，是让自己可以不再按小时计酬，而是按价值计酬的开始。

了解自己，不是软趴趴的事，是硬邦邦的、铁铮铮的，而且很可能是金光闪闪的事。

6

要练无相神功，
还是九阴白骨爪

想打胜仗、留下威名的人，
跟想好好感受人生滋味的人，
本来就会追求不同的生活。

呆伯特（Dilbert）是漫画主角，是一位可怜虫工程师。呆伯特常常代表受欺负的上班族，说出公司有多蠢，老板有多坏。

创造出呆伯特的漫画家史考特·亚当斯（Scott Adams），写过一本书，叫作《我可以和猫聊一整天，却没法跟人说半句话》。

这书名的境界，我可做不到。

我可以跟我自己聊一整天，书就是这样一本一本写出来的，但我跟猫可没办法这样聊天。

他这本书中有这样的观点：

在减重的世界里，"减十公斤"是个目标，而"吃得对"则是一个系统；在运动的世界里，"跑四小时马拉松"是个目标，而"每天运动"则是一个系统。

姑且容我把"系统"这个用词改成"生活方式"，应该会更顺口。

与其强迫自己"没的商量"，不如"根本忘了可以商量"

减肥之后可能很快复胖，马拉松跑完可能躺平三周。这些比较猛烈的目标，不太可能是日常生活，而比较像是作战，要去进攻一座高塔，要练兵，要备粮，作战任务不管成败如何，总是会告一段落。这是生活的插曲，不会是生活本身。

武侠小说里，练成无相神功或易筋经的，总是胜过练龙爪手或九阴白骨爪的。外门功夫张牙舞爪的，确实比较有气势，但安静的内功比较悠长持久。

与其用力说服自己设下任务型的目标，不如心悦诚服地从内心去相信，进而去建立"吃得对""每天运动"这些有百利无一害的生活方式。

想打胜仗、留下威名的人，跟想好好感受人生滋味的人，本来就会追求不同的生活。如果要保持良好的感受能力，自然会接受以"吃得对""每天运动"为日常的生活方式，就像在充满二手烟的房内，会把头转向窗外呼吸新鲜空气那么自然。

7

自律一定没有
自乐撑得久

"每天唤醒你起床的,是什么?"

对于这个问题,我的回答通常是:

"因为起床比不起床有趣多了。"

- 自律很强,但撑不久。
- 自乐谈不上强,但自乐可以撑很久。

我的朋友,虽然挂了一个电竞选手的头衔,但其实是靠他从小打游戏的死党庇荫,勉强挤进了一个电竞队伍。

既然打游戏的能力不怎么样,他难免想做点别的,增加收入,也增加成就感。

"但我发现,我这样从小尽情打游戏的人,做其他事情时,超容易分心的,看书看不到两页,就想去打打随便什么小游戏,连放下手机吃饭都做不到。"他说。

其实他错怪游戏了,所有人都很容易分心。分心是人类生存下来的重要本能。

原始人如果一吃饭就全神投入吃饭,一赏花就全神投入赏花,应该三天不到就葬送在蛇牙虎口之下了。

随时分心去注意环境的变化,才能活久一点。

现在的生活不太会遇上蛇牙虎口,于是我们反而想要专注,不想分心了。

很多专家教导我们:

为自己弄一个无手机的空间,把手机放到隔壁房间的桌子的抽屉里,或是由家中小孩当监视员,只要在期限内违规看手机,每被逮到一次就罚一笔钱,等等。

这些都是很有用的招数,照着去做一定会有所改进。就算只是维持了两个礼拜,也得到了两个礼拜的专注。

但可以维持多久呢?

自律不成,就打击了自信

有些人可以把这些招数一直继续,我很佩服。我不行。

只要是需要纪律的事,我都只能支撑一段时间,大概最多撑三个月。

刚开始发现自己做不到钢铁纪律时,我也会对自己失望,自责一番。

然后我发现,这样的自责对改善问题没有帮助,对我这个人也没有帮助。

一定有人能在自责之后就奋发向上,但我目前还不是这样的人。

我喜欢跟自己商量事情,但不喜欢自责。

不管是被自己责备,还是被别人责备,谁会喜欢呢?

被责备而产生动力，这种事大概可以偶一为之。常常被责备，一定会泄气的。

我只要不够自律，就会自责。自责几次之后，如果还是自律不起来，我就泄气了。我发现，这样的过程会打击我做这件事的信心，这样反而更阻碍我的计划。

自律不成，反而打击自信，而我需要自信。

依靠乐趣，去戒除坏习惯

我们从小听到很多自律的故事，都是伟人的故事。

但我不是伟人，也没打算做伟人。如果你打算做伟人，请放下这本书，请谅解这本书没有打算为迈向伟人之路提供帮助。

我们一般人会这么难以自律，是因为我们打算用自律去对抗的各种瘾，都是本能之外，人类特别发明出来的、动物无法享受的乐趣。

人类发明的香烟、糖、酒、炸鸡、赌博、游戏、长短影片、智能手机，乃至于最不可能戒除的与其他人接触往来，这些都是动物无福消受的，而我们凭着动物的身体、被拓展的感官，享有了这些前所未有、难以复刻的乐趣。

感官没道理舍弃这些乐趣，我们硬要靠违背动物本能的自律来拯救自己，理所当然地一再败下阵来。

对我这样脆弱的人来说，自律抵不过乐趣。

我没办法依赖自律，去戒除坏习惯。

我多半依靠乐趣，去戒除坏习惯。

有一句很有名的问句：

"每天唤醒你起床的,是什么?"

对于这个问题,我的回答通常是:"因为起床比不起床有趣多了。"

睡不够的话,当然是继续睡。但如果不缺睡眠的话,一直躺着并不有趣,甚至也不那么舒服。

放弃抽烟的乐趣,换来接吻的甜蜜

只要可以去做更有趣的事,就不必一直重复做原来的事。赖床继续睡觉也是在做重复的事。

跑步的人,在跑步中找到乐趣,不管是跑步时沿路的风景,跑步时脑中分泌的快乐成分,还是因为跑步而认识了新朋友,因为跑步之后可以穿上有腰身的衣服。只要能找到那件事中直接或间接的乐趣,把那个乐趣盖过原本的习惯,就会产生动力。

我有位抽烟的朋友,每次接吻都被对象嫌弃嘴巴有烟味,接吻只好草草了事,双方不欢而散。后来他就采取"要不就吻嘴,要不就吻烟"的二选一原则,每次去约会前一天,停止抽烟。

他说他用接吻的甜蜜,去盖掉抽烟的乐趣,他得到了交往对象的赞许,不抽烟的时间渐长,生活中的甜蜜渐增。他觉得放弃抽烟之后,换来的乐趣更多。

我受到他的启发,就用这招"换来的乐趣",来对付我的滑手机习惯。

我每次在滑手机的空当,写几段字,画一些画。这样做了几次后,我发现我放下手机三四次,就可以写成一篇东西,或画出一个草稿。

平常我做完这样微不足道的工作量，不会有什么成就感。可是我故意把这个过程当成我"暂停滑手机三四次"就能换来的东西。

与其比纪律，不如比乐趣

情商，是"一念之间"的事。

找到如何去看待一件事对我们的意义，那件事就可以发挥跟以往不同的力量。

一念之间，听起来是随随便便就能做到的事，没想到竟然不是。

"这种气，有什么好生的"，这就是一念之间的事，但在生气时，一百人之中，有几人能瞬间转念，不怒反笑？

情商的练习，超级在乎"一念之间"。练习的重点就在于怎么察觉那"一念"的存在，怎么抓住那一念，怎么运用那一念。（抓不准也没关系，乱抓也没关系，有试着去抓，就已经是察觉的开始，跟完全不

去抓的人比起来，有明显的差别哟。）

关于动不动就分心的状态，我的建议是：
与其比纪律，不如比乐趣。
然后，与其讲意志，不如讲交换。
讲"意志"，常令我们误会只要一味地拼下去就会有好的结果，这样很容易让我们忽略要付出的代价。
讲"交换"，比较能提醒我们，改习惯或不改习惯，都不是免费的，都是要付出代价的。

抽烟的代价就是接吻不顺畅，要不要拿接吻的乐趣，替换抽烟的乐趣？
不断滑手机的代价，就是文章写得很慢，要不要拿快速写好文章的成就感，去替换滑手机的乐趣？
人生的筹码有限，把手上的坏牌丢出去，换回好牌吧。

8

真正好的"懒",
是"聪明懒"

如果聪明是化繁为简的能力,
这样能多出多少余裕,去体会活着的滋味!

向来以吸血鬼形象出现的年轻民谣歌手,竟然脸色健康地出现在我眼前。

"你不会是开始运动了吧?"我问。

"我只是快走而已。"她说。

"我记得你说你只喜欢游泳。"我说。

"游泳还要有水,太麻烦。"她说。

"活着本来就很麻烦呀。"我笑了。

"所以才要用所有的方法,让它不麻烦啊,康永。"她说,"那些人生赢家整天忙得半死,连怎么发呆都忘了,那还能叫赢家啊?赢个屁,早就输光了。"

"依你之见,怎样才能算赢家呢?"我问。

"能把人生弄得不麻烦的,就是赢家。"她说。

抓紧原则,才省事

有些人聪明,聪明到可以七十二变。

我们偶尔会佩服这样的人,但更多时候,我们很容易看出他们的累。都七十二变了,岂有不累之理？

情商有各种事可以追究，有各种事值得练习。但我很希望把关于情商的事，浓缩成三点讲完：如阳光的明白、如微风的恰如其分、如水滴的逐步积累。

超过三样，就太麻烦了。

我对"三"有信念。"三"比较容易记得。"三"比较容易做到。

要学会一件事，先要搞清楚第一步，这第一步很多人都愿意一试。试了之后，一部分人会退缩，另外一部分人会愿意再试第二步，但心里想的是，如果第二步还是搞不定，还是没意思，那就放弃。

试了第二步的人，又有一部分人退缩了，但剩下一部分人不甘心：都已经弄清楚前两步了，干吗不再试一步，再试一步就学会了啊。

这是"三"的魅力：在我们想放弃时，留得住我们。

需要三步以上才能学会、才能做到的事，当然多的是。三十步的、三百步的，也都多的是。那些就是没的商量，要投入地学、投入地练。

相对而言，"三"是好商量的，因为才跨出一步，就可以望得到尽头。

情商可以是三十步的事，可以是三百步的事。但为了给人生省麻烦，我们就让它是三步的事吧：明白、恰当、慢慢来。

化繁为简，聪明懒

如果依照通俗的赢家定义，我们大多数人，这辈子不会是什么人生赢家。尤其有些赢家的标准还要求投胎在特定人士的家中，那更是轮不到我们努力的事。

大多数人不能赢的游戏，这种游戏有什么可留恋的？

反正任何游戏，赢的一定是少数人，如果我们也想赢一回，不妨改成由我们自己来定义赢家吧：

我们可以定义赢家是"她在乎的人，也都在乎她"；

也可以定义赢家是"能感受到生活中的各种美"；

也可以像刚刚那位"吸血鬼"歌手的定义——"能把人生弄得不麻烦的，就是赢家。"

如果不能把生活化繁为简，如果不懂得把想做的事减少到只做前五分之一，然后把大量不必动脑、不值得费心的事，委托给大脑的基底核（basal nuclei）去自动化进行，那怎么能算聪明呢？

很多人误认为"智慧"这种东西，老了再有就好，结果大部分的岁月，就在不清不楚的瞎忙中度过。这多么可惜！

如果聪明是化繁为简的能力，这样能多出多少余裕，去体会活着的滋味！

真正好的"懒"，一定是"聪明懒"。化繁为简，只专注少数的事，有时间发呆，有余裕体会活着的滋味。

9

懒得管，
是智慧的开始

如果我们并没有犀利的辨识力，
我们为什么这么喜欢评断别人的优劣对错？

明星身边伴舞的舞者，常常亲耳听偶像没有修饰过的歌声，亲眼看偶像没有化妆的容颜。

我发现我这位舞者朋友每次称赞某个偶像时，就一定忍不住顺带地贬低另外一到三个偶像。

"这个谁谁唱现场超强，不像那个谁谁谁，现场唱三句，就有一句破音！"

"这个谁谁体力练得超好的，不像那个谁谁谁，才跳一首就已经喘到快不行了。"

我们都是这样讲话的，觉得自己是天下每件事的评审，见识不凡，东指西画，觉得自己是"曲有误，周郎顾"，因此大"顾"特"顾"。

"逛街时她先生都会帮她背皮包呢，哪像你先生出门还让你拎行李。""你们家小宝真优秀，哪像我们家那个不成材的小鬼，连话都说不清楚。"……

我们是怎么变得这么火眼金睛、目光如炬的？我们是不是吃一口猪肉，就吃得出这猪是听哲学课长大的，还是听莫扎特的曲子长大的？

如果我们并没有犀利的辨识力，我们为什么这么喜欢评断别人的优劣对错？

应该就是为了要别人觉得我们很懂，让别人对我们保持三分敬畏。以生存自保的原则来说，让别人忌惮我们，总胜过别人不怕我们。

不过呢，请别忽略：这已经是一个大家都抢着发表意见、抢着臧否人物的时代了。

继续抢着发表意见、臧否人物，只会把自己塞进一个嘈杂得要命的、失去自己面目的蜂窝里，不会被别人当回事的，除非你的意见真的启发人心或起码引人发噱。

我们需要怎么做呢？我们最好让自己懒一点。

懒得管那么多。

别人来请教了再说，才真的发挥优越感

英文有个词 judgemental，是指人非常爱"评断别人"，这被当成一个缺点。中文没有准确对应的词，但中文会说一个人"优越感很强"，也是贬义。

批评别人很爽，大概就是因为这种泡面般即开即食的廉价优越感，可以随时随地自鸣得意，觉得自己很厉害。

那么，练习成为比"很厉害"更厉害的人，不是更好吗？

怎样才能成为比"很厉害"更厉害的人？

就是真正发挥我们的优越感，觉得我们的意见既然这么珍贵，虽然没有珍贵到可以要求别人付咨询费才能听到，但起码要别人来请教我们，才值得我

们说出口，而不是被当成垃圾到处乱丢。

别人都还没碰我们，我们就像垃圾袋被撞翻一样，洒出一堆意见来，这显得多么廉价？

懒，
让你多出一些余裕

别人的事，不需要我们评价，一定要做点什么才高兴的话，反而是需要我们先去判断：这些事，值得花精神吗？

再懒的人，也会在花钱叫外卖时挑选一下，在花时间打算追剧时挑选一下，那么在要花心力评价别人时，当然也要挑选一下。

"这不重要""这没意思""这不关我的事"。

如果别人的事，能通过以上这三道检验，还依然令你想评价，那应该就真的值得你费那些心思了。起码，你将在一念之间察觉自己正在评价某人某事，在进行评价的同时，你能多认识自己一点，多重视自己的感受一点，而不是像一个被人塞满了垃圾、一碰就洒出来的垃圾袋。

懒，会使我们多出一些余裕，这些余裕拿去做什么都好，拿去做什么都胜过混在一堆嘈杂的人之中，连自己的声音都听不见。

懒，懒得理不重要的事；
懒，懒得理没意思的事；
懒，懒得理不关我事的事。

//

10

完美只是你以为

不要把"完美"当成金光灿灿的路障,
任它挡在我们跟想做的事之间。

五官完美的她，走进我们办公室，整间办公室瞬间都亮起来了。

我们正在为一部电影选角，要选的角色，是一位看到血就头晕的医生。

五官完美的她，没有被选上。

"她的五官太完美了，一点也不像个医生。"我们组内的制片说。

电影里另外有个女性的角色，是一位身患重病的病人。

"她的五官太完美了，一点也不像个病人，观众会出戏的。"我们组内的摄影指导说。

"我们可以找个角色给她吗？我有人情压力。"我说。

"没有角色适合她……观众不喜欢看到五官完美的人。"我们组内的导演说。

看看史上最红的明星们，都是脸孔很有特色，但不是五官完美的人。五官完美的脸，能在一瞬间放光，但传达不了一个人间的故事。

我们都很羡慕完美,但是完美可能不那么值得追求。

我所吃过的所有好餐厅,有的用餐气氛令人放松,有的聚集了最时髦的客人,有的端上桌的菜温度永远恰如其分,有的就是能张罗到最新鲜的材料。

它们各有特色,但没有一间是完美的。

我们这些去餐厅的人,没有追求光顾一家完美的餐厅。我们这些看电影的人,也没有追求看一部完美的电影。

就算你硬逼我想,我也想不出什么样的餐厅是完美的餐厅,什么样的电影是完美的电影。我觉得这是误会,世界并不需要完美。

"完美"只是一种很迷人的妄念

完美,应该只是一个有时会呈现出的状态,天时地利人和都凑在一起时,我们会感觉完美。

但那是短暂的状态,可遇不可求。

对于自己想做的事,不要想着"完成",不要想着"完美",要想的是"做到某个程度就好了"。

做到多少是多少。

对于完美的幻想,耽误了不少重要的事。

不要期待课业完美、婚姻完美、工作完美。

没有这种东西,如果有,也只是我们误以为有。

想开一间店，值得追求的是一间有特色的店，而不是一间完美的店。

智能手机这么棒的里程碑式的发明，也是推出之后，再逐年修补改进各种细节。智能手机发展到什么程度，我们就使用到什么程度。

我们偶尔会赞叹"这样设计真是完美"。但其实是在说，它并不完美，它明年的发布会，会推出"更完美"的机型。

所有推出的宣称完美的东西，从医药到汽车，发展到现在都已经更迭好多代了。

心中浮现过完美的感受，不表示要把完美放在神位高高供起。

人心有很多妄念，因为我们配备的不是动物之心，而是神鬼之心。

"完美"是一种妄念，是很迷人的妄念，不要把"完美"当成金光灿灿的路障，任它挡在我们跟想做的事之间。

以后，当想到"不够完美"而却步不前时，提醒自己，我们可能不是追求完美，只是在给自己找不开始做的借口。

如果人生结束时，有机会回看人生，我们一定会觉得人生值得就好，人生何必完美？

11

拖延，其实就是到处晃，到处找可以绕的弯

那么多令人想拖着不做的事，逼着我们一步一步地、七拐八弯地找到了自己的河道，生活就这样成形了。

据说他是河神,至于是哪条河的河神,他没说。

"你们河啊,为什么没有一条是笔直的?"我问。

"因为我们爱绕。"河神答。

"你们河啊,为什么爱绕?"我问。

"因为到处都是我们穿不过去的石头,爬不过去的山。"河神答。

"那这样绕来绕去、歪七扭八的,最后成了个什么呢?"我问。

"成了一条河。"河神答。

每个人都有拖着不做的事。

再怎么有纪律、有效率的人,都有他们拖着不做的事。

为什么要拖?因为不想做。

其实不用冠上"症"字,大多时候算不上什么病症,就只是拖着不想做而已。

本来呢,不想做的事就算了,但如果是被逼着做，那就只好尽量拖着，拖到不能拖了，就乱做一通，草草了事。

从小时候的暑假作业，到长大后不想打的电话、不想跑的客户、不想结的婚、不想生的孩子，都一样。

各种拖着不想做的事，就是我们不想背的责任。即使拖延逃避会带来处罚或损失，我们也都默默地吞下，这就是我们的人生选择。

有些非常有成就的科学家，在亲子关系上留下了烂摊子；有些非常成功的企业家，在人际关系上留下糟透了的评价。

各种我们拖着不做的事，逼着我们能闪躲就闪躲，能绕过就绕过，也同时逼着我们辨认出一些我们真心爱做、一点都不会想拖的事。

像那位河神所说的，我们每个人都这样绕来绕去、歪七扭八的，成了一条河。

保持对生活的热情，
而不是赌气般地活着

克服所谓的拖延症，迎难而上，这是值得佩服的。

但克服不了，只好绕来绕去的河，终究也能流到某个地方。

那么多令人想拖着不做的事，逼着我们一步一步地、七拐八弯地找到了自己的河道，生活就这样成形了。

弯或者绕，也都是选择啊。人生本来就由一个又一个选择所构成。

不弯或不绕，硬是要上，如果伤了我们对生活的感情，我觉得很不划算。

保持对生活的感情，而不是赌气般地活着。

像样或不像样，是神气的大河还是不起眼的小河，只要都有河水在流动就好了。

12

别把选择看太重，就不会老是拖延

要过上想要的生活，不可能无视各种变化，而每次选择，都是产生变化的机会。

"我到底该选哪首歌?!康永,我到底应该选哪首歌?!"参加歌唱选秀节目的选手,冲到后台来,在我面前跳来跳去。

我不懂唱歌,帮不上忙。我旁边坐的是位流行歌曲的"天后"。她没有要理那位跳来跳去的选手,但我盯着"天后"看。"天后"本来在夹睫毛,被我盯到睫毛夹歪,她只好叹口气,放下睫毛夹,转过身来看着那位选手。

"你要紧张的,不是选什么歌,是选好歌以后,想办法把歌给唱好!""天后"说。

迟迟不能做出选择,有时是把选择看得很严重,对做选择太紧张。

爱拖延的人当中,有一种是因为逃避做出选择,只好一直拖着。

重视选择,绝对是正确的态度。但也请了解,会令人生有九十度转向的那种选择,其实很少。

大部分选择,就算我们觉得选错,只要没造成太大的伤害,过阵子我们也就忘了。选对的那些,也不至于到翻转人生的地步。

千挑万选,选了一只股票;左思右想,挑中了一位伴侣,后来不如意的,比比皆是,而生活仍在继续。

选择之前与之后,都要持续靠近想要的生活

只要知道自己大致上想过什么样的生活,那么不管眼下做了什么样的选择,都可以相信即使已做了选择,一切仍有改变的空间,不用把选择当成一把定输赢的赌博。

每次选择,不是定局,而是产生变化的机会。这样去看待选择,既轻松又实际,应该就不会一直拖着。

有些选项,看起来像是选项,但其实不该被列入选择。比方说,想过有钱的生活,那就要从各方面往这种生活靠近。买股票也许是其中一个方法。但在没有扎实根据时,只选某只股票全押,这是赌博,这不算是靠近有钱生活的选项之一。所有负责任的投资建议,都会劝我们把钱分散去买不同的股票,或者买由多家股票组合而成的基金。

靠赌博不会致富,赌博不是这道选择题的选项之一,本来就不是选项却硬要选它,除非上天保佑,不然成功的概率一定很低。赌博当然会有赢钱的时候,但因为赌徒心中真正想过的生活,并不是有钱的生活,而是一直赌赢的生活,所以即使赌赢再多次,终究会输掉,他的生活也不会靠近有钱的方向。

做出选择之前,做出选择之后,都一直从各方面去靠近想要的生活,对

做过的选择庆幸也好,懊悔也罢,都继续靠近想要的生活,这是比较健康的看待选择的态度。

  能这样看待选择,应该就不至于因为太害怕选择,而没完没了地拖延。

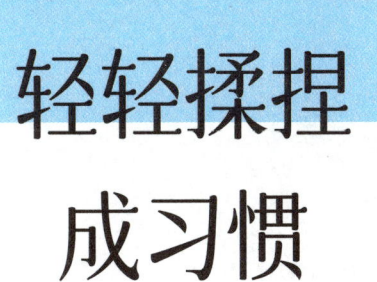

III

轻轻揉捏成习惯

> # 1
>
> ## 习惯，
> ## 比意志力更可靠

重复，根本不是无不无聊这种层次的事。
重复会形成习惯，习惯会决定我们怎么活。

- 重复并不无聊。
- 如果我们是故意重复的,那就不但不无聊,甚至很有趣,很有成就感。

什么时候,我们该故意重复呢?

当我们有想做的事,但又对自己很没把握的时候,我们不该依赖自己,我们该依赖"重复"。

"康永,我不会骑脚踏车。"扑克牌界的顶尖高手跟我说。

说他顶尖不是客气话,扑克牌比赛中最大的奖项,他已经拿到过两次。

"反正已经有人为你开车了。"我说。

"怪我太孬,我怕摔。"他说,"我所有朋友都会骑脚踏车,只有我不会。电影里面载着心爱的人在后座,两人迎向阳光和细雨,背景音乐播着主题曲的画面,大家都做得到,我做不到。"

"你想太多了。会骑脚踏车的人,百分之九十没有机会载着心爱的人在主题曲中迎向阳光和细雨。"

"我这么会打扑克,却练不会骑车,你说可不可笑?"

我倒觉得很合逻辑。打扑克是每一局都动脑,骑车不是靠动脑,骑车是靠习惯。

所有靠习惯的事,都是在重复中达到一定的水平。

进行所有重复的动作时,我们把"无不无聊"置之度外,因为我们做那件事时,有目的。

打游戏时,重复地闯关很无聊,但我们把无聊与否置之度外,因为闯关是为了打倒"大魔王",而这是我们想做的事。

练吉他时老是重复练同一首曲子,可能无聊,但我们也不在乎是否无聊,因为曲子练成了,可以适时在班上出一点风头,得到心仪对象的青睐,那是我们想做到的事。

我们是故意去重复的,这就是练习。一直重复,练习到某种程度,我们从此做这件事时,就形成习惯动作,不再动脑。或者精确一点地说,只动用了脑中那个负责处理习惯的区域,一个叫作基底核的区域。

有些重复是我们故意为之,因为我们想练习某些能力:打"怪"的能力、骑车的能力之类的。但生活中大部分的习惯,不是我们刻意的,是在我们没察觉的情况下默默形成的。

每天穿衣脱衣、洗脸上厕所、上学上班、吃饭睡觉,这些事,如果每件都劳动脑子,那可要逼死脑子了,脑子要不就只好越变越大,要不就是为了动脑而把身体的能量用光,每天光是起床准备出门就会耗光力气。

演化会淘汰那些每件事都要动脑、结果没力气做大事的人,而奖励我们这些比较有效率的人。

我们的脑子在判断之后,把不值得动脑去想的事都委托给习惯,让脑子能够空闲下来,去对付更麻烦的事。

在重复之中,我们把习惯建立起来,如同把水管铺好,这样以后水龙头打开就有水,而不是每次要用水就费尽力气担了大水桶去河边挑水。

> 养成了强的习惯,
> 你就会成为很强的人

美国杜克大学的研究说,我们每天生活,起码有百分之四十的行为是习惯决定的,不是我们选择之后才决定的。

其实我觉得习惯决定的行为，远超过百分之四十。我见识过一些人，一辈子都不怎么动脑，反正从小到大，每个重复的行为都成了习惯，然后他们就依照这些习惯活下去。即使有些事，他们看起来有动脑子去想，他们想事情的方法，还是遵照从小到大所逐步形成的习惯，他们没有打算跳出框框去想。也许你身边就有那样的人。那样的人有没有活得比较差呢？那要看你觉得怎样是你的理想生活了。本篇希望我们学会有意识地建立我们想要的习惯，而不是无意识地凡事依赖未经反省的习惯。

呼吸排泄、吃饭睡觉，都是必要的，不做就要死掉的，没什么好计较无不无聊的。

说穿了，太阳每天重复出现，地球每秒重复地转，它们要是觉得无聊，周一出勤，周三休息，这一秒转动，下一秒不转，我们人类早不知消亡于何处了。

重复，根本不是无不无聊这种层次的事。重复会形成习惯，习惯会决定我们怎么活。

不能靠习惯决定的大事，我们一天遇不到几件，也没力气对付几件。

要把日子过好，要既省力又把日子过好，我们要搞定的是习惯。

养成了聪明的习惯，你就会成为聪明的人。养成了强的习惯，你就会成为很强的人。

习惯一定靠着重复而形成。

无不无聊，根本不重要。形成我们想要的习惯，才会有效率地过上我们喜欢的生活。

2

一想到要什么，就同步想怎么要

培养这个习惯的第一个好处，
是不会再许荒谬的愿望。

有个考古学家，在一个破店里买到了个破壶，结果这壶竟是传说中的许愿神灯。

考古学家一擦壶，许愿神魔从壶里跑出来，这神魔的个子大到塞满整个房间。

"许愿吧。"神魔说。

"我不要。"考古学家说。

神魔非常困惑，也很不高兴。

"为什么不许愿？"神魔问。

"我读过的每个神话故事，只要是向你们这种神魔许愿的，到时候都要付出好大的代价，根本划不来。我才不要许愿。"考古学家说。

这是一部电影的情节。故事后面的发展很奇特：考古学家跟这个神魔恋爱了，够奇怪吧！当然，不关我们的事，祝福他们。

这位电影中的考古学家不肯乱许愿，算是从经验中学到的智慧，听来厉害，但其实你也做得到，只要养成一个非常不费力的习惯。

这个习惯就是：只要想到要做什么，就同时想怎么做。

想看一场整场都没别人的电影？

想吃一顿没吃过的异国料理？

只要一有想做什么的想法，就同时想怎么做。

如此一来，很奇妙却又很合理的、或是虚无缥缈的许愿，会瞬间变成有步骤的计划。

想要什么，先想怎么做

那个电影中的考古学家，之所以没掉入"向神魔许愿"的陷阱，纯粹就是因为她比以往的许愿者多想了一点点：在思考"想做什么"的同时，去想"那要怎么做到呢"。

当她一想"要怎么做到"，她立刻警觉：想做的事，神魔是做得到，但神魔要求的代价，大到令人吃不消。

向神魔许愿，当然要付出代价，不然那个神话故事一定无聊透顶。

谁会想看一个人莫名其妙地心想事成、万事如意？

这样的故事根本没人爱听，无法流传。

规则很简单：连向一个破壶许愿都不可能平白如愿，我们想做任何事情，就只有一个跑不掉的步骤，叫作"怎么做"。

不再许缥缈的愿望，踏出清晰的第一步

"我想当航天员""我想去北极旅行""我想跟一个偶像结婚"。

这些"我想",如果只是为了高兴而讲,那就尽管讲,反正不要钱。但是本来是为了高兴而讲,结果老是这样讲,讲个三年,也就不会高兴了,再继续讲三年,可能还会难过得想哭。

以上这些"我想",其实不是多过分的幻想,只要我们相信这个习惯:

<u>只要一讲"我想",就同时开始想"怎么进行"。</u>

<u>培养这个习惯的第一个好处,是不会再许荒谬的愿望。</u>

"全世界的钱都是我的""每个人都爱我""长生不老永远十八岁",这些多说无益的愿望,留着当应酬话,被众人围着吹生日蜡烛时说说就好。

"好想喝杯奶茶"的同时,想"怎么能喝到"。

"好想去欧洲"的同时,想"怎么能找到机会去"。

这个习惯,会打消一些念头,但一定也会促使很多本来想想算了的事,忽然就有了踏出第一步的清晰想象。

3

不是养成新习惯，
是改造旧习惯

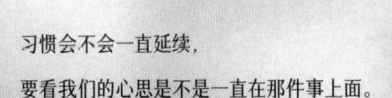

习惯会不会一直延续，
要看我们的心思是不是一直在那件事上面。

新习惯也许没有那么难养成，但主要是旧习惯根本改不掉。

除旧布新这种话，用在清洁大扫除上还可以，要用在习惯方面，实在做不到。

动不动就说要建立新的好习惯，改掉旧的坏习惯的这种许愿风格，就跟选美比赛中，选手手比心形，巧笑倩兮说"我愿世界和平"是一样的意思，大家图个吉利，不必认真。

"我小学六年级那阵子，每天都一直咬手指甲。"她说。

"你只要说'咬指甲'就好了，不必说咬'手指甲'。"我说。

"我不说，你怎么知道我咬的是手指甲还是脚指甲？"她说。

她还真的在大庭广众之下脱了鞋子，害我紧张了一下。

幸好她只是吓吓我。哼哼，我看她一眼，技术上判断她不会有咬脚指甲的习惯。

不说还真看不出来，她是一位画家，专门画那些梦幻帅哥。

她应该算是肉食动物那一边的。

"那你现在还咬指甲吗?"我问。

"不咬了。"

"什么时候开始不咬的?"

"早就忘了,好像上中学以后就不咬了。"

"改成咬什么了呢?"我问。

"不关你的事。"她说。

"本来就不关我的事,是你自己要讲咬指甲的事。"我说。

"我只是要告诉你,旧的习惯虽然戒不掉,但旧习惯它自己会消失,不知不觉间就消失了。"

是啊,很多旧习惯会消失。

我念小学时,每次都要把作业本的四个角角用手指确切地捏一遍,才能开始写作业。这习惯大概维持了一年,也不知道是怎么消失的,你现在叫我每次看书,把书的四个角角都捏一遍,我才没那个耐心。

打开心思的水龙头,注入新的水滴

习惯会不会一直延续,要看我们的心思是不是一直在那件事上面。

青少年时,外貌在经历大幅变化,我们会一直盯镜子,检查自己的皮肤、头发;长大了,外貌大致确定了以后,我们照镜子的频率会降低。

我的心思都在作业上时,很隆重地想靠"捏角角"去搞定作业,或者就是潜意识对作业本"感到不安",都是可理解的事。

等到其他更重要的事占据了心思,这些习惯就不知不觉地消失了。

成年以后,我们很多人的生活陷入重复,没什么变化,心思始终停留在同样的地方。也许从三十岁到五十岁,不安的跟在乎的,都老是那些同样的事,生活没变化,心思没变化,一直以来已经形成的习惯,也就很难有变化。

有些人有小孩以后,就不抽烟了,因为做爸爸的心思,盖过了原本一心要抽烟的心思。有小孩,是生活上巨大的变化,旧习惯也就有了改变的机会。

离了婚才开始酗酒,动过大手术后才开始健身,都是因为生活的变化带来心思的变化,使得习惯也有了变化。

转移心思是一念之间的事。虽说是一念之间,却不等于一瞬之间。

习惯不可能在一瞬之间形成,也不可能在一瞬之间消失,习惯是"一念之后,接着有一念,接着再有一念……",一念接着一念,像水一滴接着一滴的,新的心思才会形成新的习惯,盖掉旧的习惯。

不必故意去离婚或动手术,而是打开心思的水龙头,把新的水滴滴到旧的池子里,让池中的水发生变化。

一点一滴地调整心态,直到养成新习惯

酗酒或赌博的人,参加勒戒者的聚会,一直诉说自己酗酒或赌博

的来龙去脉，就是在找那个引起酗酒或赌博的"心思"。

如果不刻意去找，我们对自己的各种习惯是怎么来的，一定很少察觉。或者说，我们隐约知道，但不想面对。

随便想想，应该也能判断出酗酒、嗜赌这些习惯，是源自什么样的心思：

逃避柴米油盐的生活，厌倦毫无乐趣的生活，不想跟人打交道，不知道活着要干吗？……

这些"心思"很奇特吗？

不奇特。

这些心思，我们也都有，跟酗酒、嗜赌的人的比起来，大概只是程度的不同。

他们可能每分钟都这样觉得，我们可能每个月有几天这样觉得。

不是心思不同,只是程度的不同。

而这程度的不同很重要,这程度的不同,使我们没有形成酗酒、吸毒的习惯。

我们另外有我们的习惯,我们虽然不会酗酒、赌博,但可能暴饮暴食,可能囤积东西,可能一打麻将就三天不下桌,一打游戏就六亲不认。

我们比起那些不暴食、不囤积、不打牌、不打游戏的人,也仍然不是心思不同,只是程度不同。

我们的程度更轻,没有形成那些习惯。

我们要的,就是调整心思的程度,一点一点地调整,一滴接一滴地渗透。然后,形成新的习惯,取代旧的习惯。

4

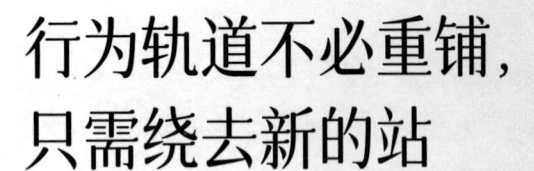

行为轨道不必重铺，只需绕去新的站

你已经为自己做出抉择，
这个开关一旦打开，你就取回了主控权。

- "我不是到了比赛前才给自己加油打气,我是每次练习的时候,脑子里就播放同样的影片,这个脑中影片的每个画面都设定好,依照顺序播放,什么样的节奏适合什么样的位置,什么样的呼吸带动什么样的动作。我平常练习时,就在脑中播放这个影片,身体就照着影片行动,到了比赛那天,我脑中仍然播放这个影片,身体也仍然照着行动。"

这是奥运游泳项目的冠军菲尔普斯(M. Phelps)跟他的教练一起研发的,引领他行动的心法。

他的心法,就是这段按部就班、流程固定的脑中影片,用这段铁打不动的画面占据脑子,不留任何空间给"天哪,全世界都在看,好可怕""练习了四年,万一等下呛到怎么办""听说对手超强的""妈,我终于参加奥运会了""拿到金牌以后,我一定要挂在脖子上去逛街"等杂念。

重大比赛带来的压力,听说竞争对手出了什么奇招,本来因为上述种种关系而可能浮现的纷乱念头,都被这段脑中影片导回正轨。

这种心法的功能，就像你想从 A 点到 B 点，然后你永远只买直达的火车票，中间什么站都不停，窗外的风景顺序总是一样，没什么可三心二意的，就算窗外经过一只恐龙，你也还是维持一贯的速度前进，不会为了看恐龙而停下。

分心是人的天性。必须全神贯注时，不要给自己分心的机会。

行云流水，就依序自动完成了

也许看我书的人当中，真的有奥运选手，但大部分人跟我一样，这辈子不会参加奥运会。如同这本书的立场，我们没有要当什么伟大的人，没打算当蝙蝠侠和米开朗琪罗。

但其实这种"脑中播放影片，身体跟着行动"的心法，在你我凡人的生活中也很常见，没什么神秘的。

只要是开车开得行云流水的，化妆化得行云流水的，都跟这位奥运冠军一样，想都不用想，顺利地就把该做的事给做完了。

不擅开车的人，发动车子也要念念有词，坐上驾驶座，一会儿调椅子，一会儿又调镜子，倒车时没办法同时继续聊天。这表示他在每一个可以迟疑的地方，都要迟疑一下。但即使是这样的驾驶员，只要车子开久了、开熟了，应该就会在自己都没察觉的情况下，成为一个"脑中播影片，身体跟着动"的驾驶员。车门关上的声音、仪表盘亮起的信号、手握上方向盘的触感、脑子会收到的每个讯息，都会成为播放那部脑中影片的环节，依序发生。于是他可以一边跟你聊天，一边行云流水地倒车、上路，加入马路上的车流，没有空出容许迟疑的空隙。

擅长化妆的人也是这样，一边跟你聊天，一边刷子、眉笔此起彼落，行云流水地就把妆容完成了。

这个过程并不追求快，这个过程追求依序发生，没有迟疑，不必判断，准确实现每个环节。

开车或化妆的高手，不见得是有意识地形成什么脑中影片，但就是在日益熟悉那件事的过程中，每个细节都会镶嵌到位：眉笔的触感、粉扑的轻重、眼影的浓淡，每个细节都使这支脑中影片更清晰、更鲜明、更流畅。

到了最后，你能够"自动完成"这个过程，同时还有余裕跟旁边的人聊天。

其实你已经自行搭建轨道

我们只是每天开车，每天化妆，熟练到不行，才达到这个境界。也就是因为根本没有察觉什么脑中的影片，所以，我们并不知道其实手边已经掌握了这种"自己搭建轨道"的方法。

也许，开车高手一直苦于戒不掉抽烟，化妆高手一直苦于戒不掉吃消夜。

抽烟或吃消夜，不可能是一个独自存在、没有前后的行为。对抽烟之乐的形容，常常是"什么什么之后"，来根烟的乐趣。而问起吃消夜的原因，也常常是"我累了一天，就剩睡觉前这么点乐趣"，都是有前导又有后续的行为。

我们每天的行为都是一连串的，有前面的有后面的。这些行为不是我们有意识地判断之后的选择，而是无形中已经铺好的轨道沿途的一站又一站。

为自己做出选择，就找回了主控权

研究习惯的学者会提醒我们：

戒掉旧习惯，建立新习惯，有时非常困难，因为这等于拆掉旧轨道，铺设新轨道。

那么，我们姑且不要想怎么改变习惯，而是想：怎么对那个脑中的影片动些手脚，移花接木？

想象脑中的行为影片，对影片的开头维持不变，但当某些信号出现时，让这个信号衔接上新的行为，也就是不要企图拆掉整个轨道重盖，而是在原本的轨道开始之后，把轨道绕开原本会停的站台，绕去另一个新的车站。

吃饱之后，本来一定要来根烟，现在收到"吃饱"这个信号之后，把轨道绕去"喝茶",而不是"抽烟",就这样一再重复,把脑中播放的影片偷换一小段,以形成新的版本,试试看。

也许不一定很快见效,但真正关键的是,你已经为自己做出抉择,这个开关一旦打开,你就取回了主控权,不再任由无意中形成的习惯一直牵着你的鼻子走。

5

能混过去的事
要充分利用

你在乎什么事,就不要在那件事上用混的。
剩下的事,就可以混。

一边弹性地打工，一边等拍戏的机会，这是很多演艺新人的生活方式。如果上班时间固定，那么一旦有戏或广告要去面试，就没法安排。

因为心放在表演上，打工的部分，通常是能交差就好，不太会拼命地力求表现。要不然一旦"不幸"得到升迁，可就离表演工作更远了，算是某一种本末倒置。

"我最近把店里架上的零食整理得太整齐，被店长表扬了。"他有点沮丧地说。

他在演艺工作上算是新人，但已经接近三十岁，某些经纪人会认为以新人来说，有点超龄了。

年纪的事，就已经值得新人焦虑，没想到他现在又多了一个焦虑的点：工作太投入。

"其实以前打工都是混的，也没什么不安的感觉。"他说。

真是只能为以前聘用他的老板们略感抱歉。

把"面面俱到"当作"万事如意"的春联就好

工作本来就是这样,少数的重点做好,剩下的部分用混的,混得过去就行啦。

那可不可以,整个人生都用混的混过去?
当然可以啊,很多人也这样做了。
这样混过去的人生,执行起来没问题,只是你要接受整个人生的滋味也混成一团,感情混成一团,内心也混成一团。
在这些混的人当中,有些人会在某一刻醒来,问出很经典的那句话:

"我怎么会活成了这样?"

不管那人在几岁问出这句话,都不会太迟。

不会太迟,因为问出口的那一刻,永远是我们剩下的人生中,最年轻的一刻。这怎么会迟?

一辈子都不醒来、不问这句话的人,也有很多。

但会看这本书的人,不是打算整个人生混过去的人。

会看这本书的人,比较像前面出场的那位打工的男生:知道混日子是一定要的,只是要选一下,什么事用混的,什么事不能混。

没有人可以面面俱到,也没有人应该面面俱到。

认真打算要面面俱到的人,很可能对人生有什么误解,要不然就只是在制订一个不负责任的计划。

老板或师长可能期望我们面面俱到(抱这种期望的老板或师长也是对人生有误解),我们收到这种期望,就跟过年看到"万事如意"的春联一样,姑且收下,真的想向对方证明自己的话,当然是尽力而为。但你心里也知道,你只会在最重要的方面尽力而为,其他方面混过去就好。

不在场时,希望别人怎么提到我

什么事是我们真的在乎的事?

只要想一个问题:"我不在场时,我希望别人怎么提到我?"

"啊?你是说蔡康永那个很臭的家伙吗?"

这表示我很在意自己臭不臭这件事，在意的程度，超过了我穷不穷或者笨不笨。我应该会努力让自己变香，来防止别人在我背后优先用"臭家伙"来定义我。

你在乎什么事，就不要在那件事上用混的。
剩下的事，就可以混。

很多人老是歌颂母爱，用的字眼都非常严重：
"母爱是毫无保留的""母爱最伟大""世上只有妈妈好"之类的。
这些歌颂的话，令我为妈妈们捏把冷汗。
有个妈妈就跟我说，有一次自己想吃个红豆面包，经过店里就买了一个，回家泡了杯咖啡，正要拿出红豆面包来配着吃，结果看到小孩在房间里玩，这个妈妈竟然内疚地躲到隔壁房间去关上门吃红豆面包，边吃边感到充满罪恶。

"你干吗这么神经？"我问。
"因为母爱毫无保留呀！我怎么可以自己吃红豆面包，不管小孩吃什么？"这位妈妈说。
我相信很多妈妈没这么神经，能够大咧咧地在孩子面前吞下整个红豆面包，一口也不分给小孩。但也有不少妈妈被这样的金箍套在头上，一个人独吞红豆面包会感到内疚。

"混"就是
有用的巅峰

如果你不在场时，会希望别人提到你时说："她是一个很棒的妈妈。"那就是你不打算混的事情。既然不打算混，那就认真看待。所谓认真看待，关键就是你要定义"很棒"的妈妈是什么样的妈妈。

很棒，不等于毫无保留。
一辆很棒的车，不是毫无保留的车。一只很棒的海豚，不是毫无保留的海豚。
可以做到很棒，但是，是照你定义的来做。

前几年有部日剧叫作《月薪娇妻》，日文原剧名是"逃避虽然可耻，但是有用"。其实世上可耻又有用的事可多了。

"混"就是可耻又有用的巅峰以及日常。

定下目标的同时，理解到其他事都可以用混的，会唤起份额以外的热情。

热情跟价值观是互为因果的。热情会带来"活着真值得"的信念，反过来也一样哟。

6

不累的小改变，
比累死人的大改变，
容易发生

烂工作是没有脱身机会的工作；
不那么烂的工作，则是起码有一些脱身机会的工作。

- 她个子很高，高到很难找到人站着接吻。

她在一家帮人找工作的网站上班。她的工作是帮人找工作。但她觉得他们家网站对各种工作的分类，不怎么符合大家真正的感受。

"那你觉得应该怎么分类呢？"我问。

"可以分三大类：烂工作，烂到没人想做的工作，以及不那么烂的工作。"她说。看起来也不是故意搞笑。

"出钱在你们网站登征人广告的各家公司，应该不会同意你这个分类法。"我说。

"情商不就是要我们'明白'吗？"她问。

"也需要'恰如其分'呀，哈哈哈。"我冒着冷汗回答，"把人际关系搞坏，后果也是要自己承担啊……"

动物是不工作的。有"工作"的动物，在我们眼中比较像生产设备，而不是有面目、有个性的动物，比方供应牛乳的牛、供应猪肉的猪。

工作跟金钱，都是我们人类搞出来的东西，最

后也都成了我们大部分人的主宰。习惯跳槽的人，看起来虽是一直在换老板，但再怎么换，永远逃不过"工作"。工作本身就是最大的老板。

有脱身的机会吗

很多人不喜欢自己的工作，很多工作也确实不讨人喜欢。

如果要分辨"烂工作"跟"不那么烂的工作"，我唯一能给的建议是：

烂工作是没有脱身机会的工作；不那么烂的工作，则是起码有一些脱身机会的工作。

即使容许脱身的机会很小，小到像石缝之间滴下来的水滴那样，它依然能使一个看似很烂的工作，变得不那么烂，起码它容许我们做选择。

当两个工作看起来一样烂的时候，唯一能比较的，是那个工作所能接触到的人，能不能给自己带来脱身的机会。

如果工作甲能接触到的人只有同事，而工作乙能接触到客户或者顾客，工作乙应该是比较不烂的工作。

毕竟同事跟我们的处境一样，如果有脱身的机会，同事会自己先拿下这个机会。

而客户或顾客，跟同事的立场截然不同。我们如果寻求的是脱身，那就是要接触栏杆的外面，而客户或者顾客就代表外面。

人生不是二选一，是在千百个可能中选一个

我们喜欢什么样的故事，市面上就提供什么样的故事。

这些夸张的故事，常常让我们以为所谓选择，永远是在两个极端之间选一个：做好人还是做坏人？发财还是穷困？家庭美满还是家庭不幸？

但实际上，人生的选择不是二选一，而是在千百个可能当中选一个。

选了之后，能感受到的，可能也只是百分之十的差别，而不是天壤之别。

细微的差别，会一步步累积成改变。

不那么费劲的改变，一定比累到快往生的改变更容易发生哟。

如果我们的工作本来就能接触到栏杆的外面，但仍然觉得这工作很烂，那就寻求另一个工作，可以接触到更广阔的世界。

所谓外面，提供的未必是机会，有时提供的是启发和刺激，让我们不至于困死在封闭的烂工作里。

当然，一定也有不少人的工作很不错，做起来能有成就感。那很值得恭喜，工作如果提供了成就感，就会让我们在当下也能觉得自己活着，而不只是一台生产设备。

情商的关键，是水滴般的累积，不是一跃过龙门，那些一步登天的美丽传说，确实会发生在某些人身上，但通常那样的故事，背后总是藏了不少其他的原因，只是被描述得像是一步登天而已。

7

丢就丢,
不用把感情寄托在东西上

不要老是对东西扯上感情,如同想上厕所就去那样,
不经思虑就能进行的事,比较有机会长期地、自然而然地做。

- 被称为"奇幻仙侠剧反派担当"的大姐大演员，剧中总是令人又怕又恨，但真实生活中是既不精明，也不利落。

  她请我去她家玩的时候，虽然事先一再地警告我："我家很乱哟，非常乱。"但当她打开大门时，我还是倒吸了一口气。

  玄关似乎有三双拖鞋，藏在她的运动鞋与高跟鞋之间，但比较准确的说法，不是三双，而是六只各自为政的落单拖鞋，技术上当然也能实现拖鞋的功能，不坚持左右脚一样就好。

  还在换拖鞋时，一只巨大的黄金猎犬冲出来，挑了一只高跟鞋就开心地趴下，开始大嚼特嚼。大姐大演员一边佯装尖叫地阻止，一边向我介绍狗名叫银丝卷。

  银丝卷起身欢迎我这个客人，顺便撞倒了一摞本来就摇摇欲坠的空纸箱。

  "你东西很多呢。"我说。

  "哈！康永，你知道那位有名的，教大家断舍离的整理女王，前阵子接受访问的时候，好像说她有了三个小孩之后，已经渐渐没力气整理家里了。"她说。

是的，我当时也看到了那篇访问。似乎全世界家里很乱的人看到访问后都松了一口气："啊，你看，连她也扛不住了呀……"有一种天下大赦的气氛。

这位教导我们断舍离的专家有小孩之后，家中难以继续维持整洁到足以符合她往日严苛的标准，她能够大方地在访问中承认，应该是已学会轻松看待了。

可以说她豁达，也可以说是妥协，或者累了，其实都是同一件事。

一有仪式感，这件事就被高高地"供"起来了

很用力地标榜某一件事，标榜自己是某一种人，这在我们人生的某个阶段都是必经之事，甚至是当时必要的生存依据。但随着人生变化，本来在自己优先级列表上的前三个事项，当然可能跟着改变。

越是被我们列在前三优先宝座上的事项，最好越能够轻松平常地对待，这样比较可能长期地维持住。

大家有时爱讲生活中的仪式感，像"断舍离"三字就非常有仪式感。但一有仪式感，这件事就被高高地"供"起来了。而最重要的前三件事，应该是"放"在列表上，不是"供"在列表上的。

热恋中的人，一定会把爱情或是爱的那个人，"供"在最重要的前三名，甚至"供"在第一名。

爱得水深火热、死去活来一阵子之后，要不就分了，要不就继续在一起。

继续在一起的，自然而然就会改变恋爱的热度，由死去活来变成大家都好好活着。

有人因此感叹爱情变淡了，但大部分人会觉得这种日常的相处，清淡如水，才是生活。死去活来的爱太燃烧了，长期地死去活来吃不消，也不再那么有趣。

把爱情"供"在前三名，难免太隆重地对待。太隆重，就会太麻烦。

把爱情"放"在前三名，反而比较能持久地随时感受，常在身边。

断舍离大专家近藤麻理惠在节目里指导我们丢东西时，用了一些迷人的仪式，例如：

在住了很多年的屋中，选一个最有感觉的角落，跪下来行礼感谢这栋房屋；或者，对着堆成山的旧衣服，回想这些衣服参与我们生活的重要时刻，她建议我们巡礼这份回忆之后，就可以略带惆怅地送这堆衣服"上路"。

在节目中看到这些生活仪式，当然会感动，但也同时觉得：以我看待生活的态度，这样太隆重了，做一阵子大概就会嫌麻烦。

"断""舍""离"，这三个字都是很隆重、饱含思虑的字眼，虽然挂在嘴上很显深度，但放在生活中，好沉重。

也许我们应该把东西尽量当成是东西，而不是感情的寄托。想丢东西时，简单地跟自己约好，发生 A，才可以进行 B，例如：先丢掉两件上衣，才可以买一件上衣；先送掉两个杯子，才可以收下一个杯子。

最没效率的大扫除，就是一边清理，一边怀念，结果百分之九十的时间沉醉在回忆中，只有百分之十的时间在丢东西。

不要老是对东西扯上感情，如同想上厕所就去那样，不经思虑就能进行的事，比较有机会长期地、自然而然地做。

不用要求自己有恒心，而是帮助自己养成惯性。

8

梦想不是主食，
只是调味料

比起追逐梦想的能力，
还是平常就能感受正在活着的感受力要实惠多了。

"我根本没有梦想,康永。"他说。

他是十多年前那个有名的歌舞选秀节目的第八名,也许是不太会被记得的名次。

但他的运气很好,参加节目之后,演到了受欢迎的剧,从此成了演员,不再唱歌跳舞。

"你以前参加选秀节目的时候,可不是这样说的。"我回想往事。

"人在台上,摄影机对着,那些大牌老师问你有什么梦想的时候,你说得出口'我没有梦想'吗?"

"确实说不出口。"我说。

"我当然想过好日子,但那也不算什么梦想,大家都想过好日子吧,不是吗?"

"你知道牙膏这东西当初刚问世的时候,大家都不买,因为当时的牙膏根本没味道,里面就只是放了必要的清洁成分,拿来刷洗牙齿好像拿清洁剂刷墙壁一样,很无聊,像在劳作。"我说。

"不是在讲我没有梦想吗?怎么忽然讲起牙膏来了?"

我没理他,继续讲下去。

"后来制造牙膏的人就去询问顾客们想要怎么改进，大家想了一阵子，觉得既然是在嘴里进行的事，应该要在嘴里有个完成某件事的信号，于是在牙膏里加了辛香味，在刷牙完毕的时候，嘴里感觉辣辣的、凉凉的，这样就有了明确的'刷完牙了'的信号，而且牙膏在嘴里的存在感增强，买的人才会觉得牙膏有用，这钱花得值得。"

感受到活着，比梦想更实际

现在老是被标榜的所谓梦想，就是牙膏里的调味剂这种东西，没事提个几句，人生的感觉强烈一点，但其实没有也完全可以。

梦想，是动漫主角、选秀选手必须挂在嘴上的。现实中的人能够觉得自己有梦想也很好，但请了解我们跟梦想的关系是很弹性的：为了梦想要用多少力，有各种用力的程度可以选，掂酌着用力就好。

没有梦想，应该是更接近我相信的好好活着。

活着会有喜怒哀乐，这些感受是人类慢慢形成的。这些感受不用花钱，不请自来，好好去体会这些喜怒哀乐，是最划算、最方便的感到自己活着的方法。

或者应该这样说：比起追逐梦想的能力，还是平常就能感受到正在活着的感受力要实惠多了。

如果觉得活着已经够我们忙的，酸甜苦辣已经很丰盛，就不用特别在意梦想这样的调味料，没有也没关系的。

9

能够给别人的，才算是自己有的

想到的道理、学到的知识，都把它使出来，
这是确保自己真的学到了的简单方法。

桌上放了一道菜，是"臭豆腐乳烤鲑鱼"。

我不知道世界上有这道菜，这道菜是我的好友衣淑凡发明的。

我吃了一口，很难吃。我掩盖不住表情，吐了吐舌头。

"很难吃呢。"我说。

"我想也是。"衣淑凡说。

"那你干吗还做出来？"我问。

衣淑凡笑了笑，把我之前出过的两本讲情商的书从她的书架上抽出，推到我面前。

"康永，那你干吗写这些书？我知道这些写起来也是很费力的。"她问。

我看着面前的书，想了一下。

"我其实是希望帮自己想得更清楚，活得更好。"我说，"如果不好好写出来，我会搞不清楚，我自以为我知道的这些东西到底管不管用。"

"你要写出来，才知道它到底管不管用，对吧？"衣淑凡问。

"是。"

"所以我如果不把臭豆腐乳烤鲑鱼做出来，我怎么会知道它到底好不好吃呀?!"

学到东西后,试着输出

我们以为想通了的事,其实常常只是自以为,一旦要清楚地讲出来,甚至想要说服别人照着做,而别人摇头说行不通时,我们才会发现,我们只是听进去了,只是存在脑子里了,但其实根本没想通。

应付考试也许可以,使用在生活上恐怕就没用了。

要学到东西,就要在输入完成之后,试着输出。

输出的对象未必是别人,可以像我写书或者平常写些句子那样,首先写给自己看。

我看了觉得对自己有帮助,就比较可以相信我弄清楚了这件事,然后,我也就可以不必那么在乎别人的反应。别人如果有跟我类似的困扰,自然也会觉得有帮助。

确保自己真正学到的
简单方法

这是一个很多人可以轻易并大量表达意见的时代。

也许很嘈杂,但起码提供了每个人大量输出的训练机会。

有些人往脑子里输入一大堆东西之后,能够输出为明快又有风格的内容,这些人会相对受欢迎。

有些人因为搞不清楚输入了些什么,但又必须仓促地输出,就会不知所云,也谈不上风格,当然比较难号召读者、观众。

想到的道理、学到的知识,有任何感受,都把它拿出来摩挲把玩,做出东西,写成文字,讲出一段话,都好,这是确保自己真的学到了的简单方法。

自言自语也有高低之别的。网络上看起来大家都在自言自语,但你的自言自语却能促成自身有效率的学习,那是非常有价值的自言自语。

10

找到同族的人,
而且最好是有成绩的同族人

你如果能找到你的族人,
可以在一瞬间由受尽嘲笑的丑人、怪人,
变成大家追捧的、最漂亮的人。

- 一个小男孩，凸眼巨耳，一直被同学笑他丑怪，每天上学都很痛苦。没想到有一天，政府要员来学校，叫这男孩当交换学生，要换到另一个有邦交的星球去。

  到了交换那一天，小男孩准备好要出发了，外星球的飞碟抵达，飞碟门打开，走出来的是外星球派来地球交换的男学生，这男学生俊美无比，但负责送他来地球的一众外星人代表却不断向地球官员致歉，说他们送来的这男孩因为丑怪，在学校实在

很受苦，男孩的家长就苦求外星政府把这男孩送到地球当交换学生。

相反，这些外星人代表一见到地球派出的丑怪交换学生，立刻欢迎，不断地赞赏世上怎么会有如此俊美的男孩，男孩又惊讶又感动，快乐又激动地含泪登上飞碟去了外星球。

这是二十世纪中叶的一个美剧《阴阳魔界》(*The Twilight Zone*)中经典的一集。

你如果能找到你的族人，可以在一瞬间由受尽嘲笑的丑人、怪人，变成大家追捧的、最漂亮的人。

研究创造力的专家肯·罗宾逊（Ken Robinson）说，"族人"就是跟你有相同兴趣和热情的人。

他说找到族人，会成为重要的灵感来源，尤其是族人之中，有些人已经有所成就，那些成就一定会启发我们，拓宽我们对自己的想象。

11

想动心，就先取个会让自己动心的名字

对于可以想办法做到的事，或许取个名字，就可以发挥"历历如绘""生动逼真"的效果。

不断养大型犬，多年来养了超过五十条大型犬的汪士弘，又带了两条幼年的罗威纳犬回家。

汪士弘养过太多狗，已经快要想不出给狗取什么名字了，后来就衍生出不同的名字系列。他最近采用的是"想吃但还没吃到的东西"系列，所以新到的狗狗就得到了"糟蛋""臭冬瓜"等名字。

虽说只是随口取的名字，但不可否认的，它们仍是"包含了愿望"的名字。

而愿望是有力量的。

对于某些愿望，我们无能为力。比方说，以前的人动不动把女儿取名为"招弟"，结果招不到弟，仍然招妹，那也没办法。

我爸给我取名"康永"，当然是希望我健康永远，但这愿望也是注定无法达成的，该病一样会病，该死一样会死。

可是，对于可以想办法实现的计划，或许给这计划取个好名字，脑中就会有画面，就可以发挥"历历如绘""生动逼真"的、吸引我们向上迈进的效果。

尽量让目标融入生活，而不是高高悬挂

人才培训专家吉井雅之有个有趣的建议，他说一般理财专家都会提醒大家要养成存钱的习惯。

他建议这个用来存钱的账户，可以取个"代表愿望"或"爽快宣示目标"的名字，比方"给妈妈换新装潢"账户、"四十五岁就可以辞职"基金，都能让想过的生活更加生动地浮现脑中，大大增加迈向目标的动力。

要养成习惯，就是要对目标的描绘越清晰越好。

与其抽象地说减肥，不如把要吸引某人注意时必须穿的窄裙挂在一打开衣柜就会看到的地方；与其抽象地说戒酒，不如把上次喝醉摔断门牙的可怜照片贴在手机壳上。

尽量让目标融入日常生活，而不是把目标高高悬挂在不特地去看就看不到的地方。

12

不翻旧账，比较会发财

"只看现在莫回头"不只适用于理财心法，也适用于生活。

"所有跟钱有关的决定，都应该看现在，而不是看过去。看过去，很容易犯错。"约先生这样说。

约先生名字的第一个字是"约"，所以称为约先生。他是我朋友之中顶尖的智多星，切入事情又快又准确。

"那就来取个名，叫作'只看现在莫回头'法，如何？"我说。

约先生大笑。

"康永，有关股价涨跌的报道，常常喜欢说哪位大老板，今天瞬间身价暴增、超过几百亿，或者身价暴跌，三天内资产缩水二分之一。"约先生说。

"是啊，常看到这种报道。"

"那你觉得这些有钱人，心情也会跟着身价的涨跌而暴起暴落吗？"

"这个嘛……应该不会吧，不然股价忽上忽下，他们的心情也忽上忽下，会累死吧。"

"那他们是怎么做到心情不随股价起伏的？"他问。

"是……修炼吗？"

"应该不是修炼，富豪并不一定有什么人生智慧，而是他们根本不用那种方法去算自己的身价。"

"怎么说？"

"你说一个人三天内身价跌了二分之一。那个人他只活这三天吗？"

"当然不会只活三天。"我说。

"就是啦。一篇报道可以说某某人'从三十岁开始，身价涨了千倍'，也可以说他'创立公司以后，五年内赔了十亿'，一个人的身价，到底从哪一天算起，算到哪一天为止，根本是报道的人随便说的。"

"确实。"

"所以，这些被报道的大老板，就算真有什么感触，也不会是从这种随意的角度出发。也许三天内是缩水了二分之一，但那些人又不是只活这三天，可能三年内又涨了五十倍，那这三天的缩水有什么关系？他们根本不可能采用这么随便的计算方式。"

"反正他们是有钱人，拔一根毛都比我们的大腿粗。"我说。

"话倒不是这么说，我建议的'只看现在莫回头'法，不是针对有钱人，而是适合任何人。"约先生说。

生死关头，立刻分出轻重

如果我们手上有值钱的东西要处理，只应该想"现在"的正确处理方式，而不是翻旧账，去查它们三年前值多少钱，三个月前值多少钱。不管它们曾经值多少钱，那个时间点都已经过去了。

值钱的东西，可能是房屋、股票，也可能是古董、珠宝。

买进这些东西时，花了多少钱，那已经是过去的事。

要正确地处理这些东西,只能根据现在的情况来判断。

一百元买到的股票,现在只能用七十元卖掉,一定很肉痛、很懊恼,可如果知道今天不卖掉,明天它就只值六十元,那么现在卖就是正确的处理方式。对它当初的价值死抱着不放,无助于我们做出正确决定。

人在非常紧迫时,很容易就放下了"这东西曾经值多少钱"的执念:在沙漠快渴死的商人,会拿钻石去换一袋水;逃难的人,会拿金条去换一张挤上火车的车票。

生死关头,立刻能依照眼前的情况,分出轻重。

然而,在无常的人生中,哪一刻不能算是生死关头呢?

如果你同意"只看现在莫回头"的理财心法,你可能会更容易对生活也练成"只看现在,莫回头"。

13

负责任的人之中，也有不累的

请你对自己也负责，人生只有一次，请你记得体会活着的滋味。

- 神仙常常耍赖皮。
- 孙悟空钻进人家肚子胡闹不出来,就是耍赖皮。

希腊神话有两个超级大力士,也是耍赖皮如同小孩:

一个是肩上扛着天空的亚特拉斯,一个是婴儿时就掐死蛇的海克力士。

亚特拉斯被天神老大惩罚,必须用肩扛住天空,后来的雕像就都雕成他肩上扛着满布星辰的天体球。

海克力士跑来拜托亚特拉斯帮忙去取金苹果,亚特拉斯答应帮忙,奈何扛着天空走不开,就叫海克力士代扛一下,海克力士当然照办。

等亚特拉斯把金苹果取来了,却不肯再把天空的重担扛回自己肩上,这下海克力士可急了。

"这是你的责任啊!"海克力士肩扛天空,动弹不得。

"好兄弟,我扛得够久了,实在受不了,拜托了,就换你扛吧。"亚特拉斯说。

海克力士不是笨蛋,他知道这下惨了,一旦

此刻放亚特拉斯走人，自己就要一辈子扛着这重死人的天空，永难脱身。

"好啦好啦，我知道你累坏了，从此换小弟我为大哥分忧解劳，也是理所当然。"

亚特拉斯看他竟愿意代劳，大喜过望，赶快贴心地问他，是否要替他把金苹果送往何处？

海克力士正要开口，忽然痛到龇牙咧嘴，可怜兮兮地说：

"大哥，我肩头有个旧伤复发了，但没关系，我有一副垫肩膀的神物，待我去取来垫在肩上，就没这么痛了。"

当然，接下来你也能猜到，海先生去拿肩垫，把重担交还给了亚特拉斯。然后海先生就拿了金苹果走人，留下亚特拉斯自己继续扛。

两个神互相耍赖，逃避责任。

人生没有永远丢不下的责任

我们多多少少都是不同程度的亚特拉斯，出生以后，不断有人把责任放到我们肩上，不管我们喜不喜欢。

希腊神话从来没有说过：如果亚特拉斯决定不扛了，把天体球丢到地上，会怎么样？

依照神话的路数，应该就是天塌下来之类的大灾难，但绝不会是亚特拉斯一个人的灾难。

我们肩上所扛的责任，有一些非扛不可，如果丢地上，最惨的会是我们自己，那些是丢不下的责任。

除了那些丢不下的责任，剩下的责任大可以挑挑拣拣，把过时的责任丢开。在人生的不同阶段，可以丢开的责任也会跟着改变。

常在戏剧中听到的"我永远是你妈"这种很有责任感的句子，虽然动人，但其实做妈的不管再怎么坚持，也终究是有放下责任的一天。身体或心智吃不消时，只好丢下。就算硬撑到生命的最后一天，也还是只好丢下。

人生并没有什么"永远"不会被丢下的责任。

请记得，对肩上所担的责任精挑细选，也算是一种负责任的态度，人的两肩只能承受这么些力量，什么责任都想担的人，肩上的责任一定摇摇欲坠。

自己，是你无法放到别人身上的责任

如果你自诩是一个非常负责任的人，容我提醒一句：请你对自己也负责，人生只有一次，请你记得体会活着的滋味，这是你无法放到别人肩上的责任。

最后有件憾事可以补充说一下：希腊神话里，有个蛇发女妖，她的眼睛跟谁对视，谁就立刻化为石头，即使她的头被砍了下来，这个"一瞪就石化"的威力仍在。

前文提到的、被迫一直扛着天空的亚特拉斯，有一天实在撑不住了，他终于拜托朋友把蛇发女妖的头取来，让他可以靠着那一瞪就石化的魔法，把自己变成石头，这是他能想到的，解脱肩头重担的唯一方法。

虽然只是神话故事，但我仍为他感到难过。

14

乐趣是重要的生产力

不必把"乐趣"跟"快乐"画上等号。
在种种的不快乐之中,我们还是会有乐趣的。

-
-

"酒鬼巨星"今天的妆很淡,我以为她要"从良"了,倒了一杯茶给她。

"你怎么可能认为我会喝茶?"

我把手上的平板拿到她面前。

"你看,这个研究报告说,不管怎么样,只要少喝一点酒,即使是一点点,也能相对地增进健康一点点。"我说。

她瞄了一眼报告。

"这报告是给本来就不喝酒的人看的。"她说。

"什么意思?"

"如果是本来喝酒的人,懂得喝酒的乐趣,就不会得出这种结论。"她说。

她起身去给自己倒了一杯酒。

"乐趣对健康有多重要,你不知道吗?把乐趣夺走,对健康会造成多大的伤害?那岂是减少酒精所得到的那一点点健康能抵得上的?"她看着杯中酒,大大喝了一口。

是啊。把乐趣拿走,岂止对健康的伤害很大。
把乐趣拿走,对一切的伤害都很大。

乐趣要靠自己去找

如果你工作的地方是公司，不妨随手查一下"公司"的英文 company 的意思，这个英文的意思，是指军队编制中的"连队"。

即使不查这个英文，随便看看公司管理方面的用语，也都是军队打仗的用语："统御""阵营""补给""战略""子弹""战果"。

公司是打仗的单位，追求的是战果。在军队是不讲乐趣的，而在公司上班，如果要找乐趣，我们要用自己的方法去找，公司并不照顾这方面的需求。

很多标榜创意与活力的公司，用亮丽的颜色刷墙，把会议室装潢成可爱的洞穴，为员工准备可以小睡的房间，名片上有卡通图案。

我问在这样的公司上班的人，有没有觉得这些安排很棒？他们都回答：上班就是上班，不管是坐地铁还是坐五彩祥云，都是去上班；不管办公室播放的是电子乐还是唢呐声，都是在上班。上班的乐趣，不是公司安排的这些东西。

> 乐趣只可能来自一件事
> ——有想做的事

那我们上班的乐趣是什么？

回答这一问题之前，干脆回答再大一点的题目：

那我们活着的乐趣是什么？

上班的乐趣，不会脱离活着的乐趣（除非我们是以死透的身躯去上班，那只能是在天堂演奏竖琴或在地下银行数纸钱了）。

而乐趣只可能来自一件事——

有想做的事，然后每过一分钟、一小时、一天，就多做到一点点，哪怕是只多了微不足道的一点点。

有人活着的乐趣是打游戏，他想做的事就是一直能玩到好玩的游戏。每过一分钟，他把手边的游戏打得更厉害一点；每过一天，他期待的新游戏上市的日子就近一点，这就是他的乐趣。

有人的乐趣是吃零食，有人的乐趣是追剧，有人的乐趣是边吃零食边追剧，再趁空当打游戏。

这些都不是什么了不起的事，只是人会想做的事。<u>想做的事能吸引我们想要去感受，就像想吃的东西能吸引我们去品尝其滋味。</u>

<u>有感受，日子就会立体，不会沦为日历上的一个数字。</u>

在公司上班，乐趣也仍然是一样的来源：

有人上班想接近心仪的同事；有人上班想在不被抓到的情况下，"摸鱼"摸到极限；有人想在众人中树立精英形象；有人想增加存款；

有人在累积自己的资历,随时要跳槽。

这些都是想做的事,都可以逐渐地、一步步地多做一点点,然后再多做到一点点。

这就是乐趣的来源。

虽然其中很多行为对公司没有好处,甚至有坏处,但本来上班的人就是各有不同的出发点。

在痛苦中察觉到活着而得到乐趣

有没有人连打游戏、吃零食、追剧,都觉得没乐趣呢?

当然有。

我也认得一些人,每天都说想死。

然而,他们并不会头也不回地去进行要死的计划,他们真正做的事,是默默地、很吃力地去对抗那个想死的念头,继续活着,继续活着但同时又痛苦地呐喊着想死。

也许可以这样说:他们想做的事,是一再测试自己抵抗死意的力量,是大声地宣布了想死,但仍能不去死的控制力。他们精疲力尽时挤出最后一点力气,挡住想死的念头。

欲望当中,生存欲是最本能也最重要的。失去生存欲,别的欲望也不可能存在。

能够对抗死的念头,继续活下去,强烈或微弱地感觉到自己还没死,还活着,这种生存欲的实现,也会带来成就感,这份成就感就是其中的乐趣。

不是笑嘻嘻的乐趣，是在痛苦中察觉还活着的乐趣，有感受，有挣扎，还没有心如死灰，完全放弃。喝酒即使喝到头痛、喝到吐，赌博即使赌到倾家荡产，还是因为欲望得到了满足，在痛苦中察觉到活着，而得到了乐趣。

得到乐趣，乃至一而再，再而三，乐此不疲。

乐趣应该被当成你付给自己的"酬劳"

乐趣应该被当成"酬劳"看待。不是公司付给你的，是你付给自己的。

乐趣应该被当成多少酬劳，那取决于当时我们的处境跟需求。对比于金钱的酬劳，乐趣的酬劳要占到多少比重，也决定于当时我们的处境跟需求。

反正，不能再把乐趣排除在酬劳之外，不能老是把乐趣当成次要的东西。

很多功成名就的人，常说"我做那事，不是为了钱"。这话常常是真的，虽然有时还是会被认为是得了便宜还卖乖。

他们会那样说，往往是因为那件事做起来，有说不清楚但确实存在的乐趣。

请你也开始认真地看待活着的乐趣。不必把"乐趣"跟"快乐"画上等号。

在种种的不快乐之中，我们还是会有乐趣的。

根源在于"想做的事"。

即使每天嚷嚷着好想死的人，他也有想做的事。他在嚷嚷中把死亡暂时推得稍远一点点，呼吸得更用力，察觉自己还活着。

请别再忽视活着的乐趣，请好好把这份只有自己能支付给自己的酬劳按时奉上。

IV

跟自己，
一切好商量

1

你以为随口许愿无伤大雅,其实是在给自己不断地找敌人

"原本不是冲着你来的事,立刻变成都是冲着你来的",这就是随口许愿的成本。

- "我希望明天台风来，然后学校放台风假。"桌游社的郭同学说。

结果台风来了，搞到郭同学家天花板漏水，但学校却没放台风假，郭同学淋雨去上课，回家感冒了。

本来台风来了，就是容易发生漏水、淋雨这些事。如果郭同学不许愿，一切就很日常，是大家都一起经历、一起承受的事。

但因为郭同学许了愿，他跟这场台风竟然有了莫名其妙的"个人恩怨"——

他许的愿不但没完全实现，还仿佛被恶意捉弄似的，只实现了不好的那一半：台风真的来了，但没放假。

平日觉得许愿反正不要钱，不许白不许，大事小事都随口就许个愿。

知道是单纯图个说着爽的，那就还好。但有时候我们虽然语气轻松，但隐藏的期盼仍是认真的。

许愿"今年要把自己嫁掉"的，当下也许引起轻松笑声，但总是怀抱一定的真心。

许愿会引发生命力

为了真心在乎的事而许愿，当然就是活下去的动力，那些是令我们活着有感觉的事情，要用尽各种方法令这些事发生，这就是许愿应该引发的生命力。

但其他各式各样微不足道、与己无关的事，最好就不要任意许愿了。因为许了愿，然后不如意，难免就会莫名其妙地默默记在账上。

我们的理智不会记这个账，但我们的情绪会记这个账。

许愿被当成是一件没成本的事。

噢，不，亲爱的，许愿是有成本的。

什么成本？

"原本不是冲着你来的事，立刻变成都是冲着你来的"，这就是随口许愿的成本。

分辨出"不是冲着我来"的事，会省下很多麻烦。

生活中，冲着你来的事，还不够多吗

经典小说《教父》的主角麦克·柯里昂，忽然从书中"轰"地冒出来，对我念出小说中他的名句：

"每个人一辈子每天都得吞下的每一件狗屁事，都是针对那个人来的,大家都爱说不是针对你,但事实就是针对你!"

麦克·柯里昂是杀人不眨眼的魔头教父,他的金句肯定是血淋淋的人生证言,我在他的凌厉目光下战战兢兢,心中暗暗许愿他赶快退回书中……

"连你也在乱许愿!"教父一眼看穿我,不屑地哼了一声,转身不见了。

是啊,生活中本来就多的是各种麻烦,让我们疲于应付。

在这么忙乱的生活中,如果能清楚区分出并非针对我、"不是冲着我来"的事,可以省掉很多情绪起伏。

有些爸妈看到小孩考试成绩差或者房间乱,会在责备的时候自然而然地加一句:"你是不是想把我气死?"

头一次被这样骂的小孩,应该满头问号吧?

我考得烂是因为没准备,我房间乱是因为我没整理,怎么可能是为了"想把爸妈气死"?

这样责备的爸妈,当然是把一件原本"不是针对他们"的事,理所当然地看成"就是针对他们而来"的。

你的"顺",可能是他人的"不顺"

随口许愿的人,做的是一样的事。

塞车有塞车的原因,下雨有下雨的原因,但我们随口许愿"不准给我塞车""不准给我下雨"之后,塞车跟下雨的原因,都变成"就是要跟你过不去"了。

所以有些人累了一天下来，很容易讲出这样的话："整天就没一件事是顺的""老天就是跟我作对"。

真的吗？整天没一件事是顺的吗？那这个抱怨者是如何平安回到家的呢？为何还有能出声的嗓子来大声抱怨呢？

随口许愿是很小的事。

这本书希望能从小事让人看到自己很少去察觉，但确实影响着我们的某些态度，一点一滴地，让我们越来越清楚地认识自己。

我不会许愿天下人都看我的节目、都买我的书，我也不认为别人不看我的节目、不买我的书，就是我的"不顺"。

许愿的人，心里想的"顺"，是非常霸道的。

我要走的路通畅就好，塞车是别条路的事。

我考第一名就好，同学们只能考第二名到最后一名。

这样叫作"顺"的话，你的顺，当然就是别人的不顺。

怎么可能有那么便宜的事？别人不也都各自在许愿吗？

知道不可能有这种事，那又何必为这种事许愿呢？

把"顺"的荒谬念头拿掉，自然就不会随口许愿了。

把愿望留给真正重要的事，留给那些我们愿意为了它们付出代价，而不只是廉价的、随口说说就希望实现的事。

不要随手丢脏衣服，屋子里就不会满地是脏衣服；不要一直许愿然后一直失望，就不会得出"老天就是跟我作对"的结论。

2

广告铺天盖地，
刚好供我们练习眼力

值得我们培养的能力，是挑选欲望、挑选价值观的能力，不是唾弃所有欲望、推崇所有价值观的态度。

"康永，我这一辈子，都在骗，骗你们买一堆根本不需要的东西！"她每次酒喝多了，就要找人倾诉，她是非常受肯定的广告片导演。

酒吧里这么多人，这次她既然选中我倾诉，我也就配合地听一听。

"说不定只是你觉得我们不需要，也许我们需要得很呢。"

她还是眯着醉眼，继续自责。

"不，没有人需要这些东西，没有这些东西的人，照样活得好好的。"她说。

"就算你不拍那些广告片，大家还是会大买特买各种虽然不需要，但觉得很需要的东西。"我说。

于是我们停止这个话题，各自举起手中的鸡尾酒。

我看了一眼她高高举起的那杯马丁尼。

"亲爱的，没有马丁尼，大家也照样活得好好的不是吗？这也是大家不需要的东西吧？"

"不，康永，这是我需要的东西……"她大着舌头，"我需要马丁尼……"

欲望可能是骗你的，那又怎样

什么是该有的欲望？什么是不该有的欲望？

区分的那条线在哪儿？

有智者提醒我们："买需要的东西，别买想要的东西。"

啊，我不知道你怎样，但这条线对我是不管用的。

如果流落到无人荒岛，这条线就很明确：能帮助在荒岛上活下去的，就是需要的，其他都只是想要的，不是需要的。

但我们都不在荒岛上。（起码目前都还没流落到荒岛上，而且，荒岛上的人如果能看到我这本书，那这也太给我面子了。）

我们都生活在一个"欲望就是商机"的环境。吃喝玩乐、怕寂寞、爱漂亮，都被当成莫大的商机。就算是还没产生的欲望，也常常在我们感受到之前，就已经被催生出来。

我小时候被爸爸带去看过一次特别的京剧演出，是一位有钱太太很想登台演《贵妃醉酒》，但她的外形已不是很有魅力，表演实力更是不行，正常戏迷当然不会想看。有钱太太就动用金钱跟人情，把当时京剧界绝对不会同台表演的几位名角，硬是凑成同台共演《群英会》，这就造成了轰动，戏迷们把票抢购一空，有钱太太的《贵妃醉酒》跟《群英会》同晚演出，也就"顺便"得到了满场的戏迷观众。

钱多了，就会催生出种种本来不会有的欲望。鸡生蛋，蛋生鸡，我们就在这蛋跟鸡的欲海之中晕头转向。

为了有感觉地活着，就要选择欲望

空调这东西本来是没有的，一旦有了以后，我们希望它继续进步，更省电、更安静。

火车这东西本来是没有的，一旦有了以后，我们希望它继续进步，装更多人、跑更快。

空调跟火车都是"没有也可以好好活下去"的东西，但我们都会认为它们是必需品。没有了它们，会觉得文明也就不存在了。

活在需求越来越多、欲望越来越难满足的世界，就是未来的人类生活。

今天的人们没办法再用古代智者的标准，去定义哪些是所谓该有的欲望。

每个时代，都值得费心去找到我们"能感觉自己正在活着"的生活方式。不是工厂产品似的被生产出厂，然后被薪水控制，重复着上班与下班，而是有感觉地活着。

不必否定欲望，也没办法否定欲望。

我建议看待欲望的立场，是选择欲望。

依我们想要的去排优先级，生活才会有热情

广告确实是催生了人类本来没有的欲望，但除了广告，其他那么

多"听起来比较高级"的价值观,难道不是被人用各式各样的手法催生出来的吗?

考试要考一百分。

嫁人就要嫁某某某那样的男人。

死了要上天堂。

所有的价值观,也都是根据想象而发展出来的某种欲望。

所有的欲望或价值观,都应该以我们想要的生活为基准,去排优先级,去挑选。只有这样做,我们才有办法立下目标,且对这些目标有热情。

有些价值观,确实使古人活得很像样,但那是在他们的时代,他们依据自身需求所做的选择,他们可以把那样的价值观推荐给我们,但我们也要选择。值得我们沿袭的,是他们对目标的热情,未必是他们所设的目标。

有些欲望,确实是商人为了赚钱,把这些欲望描绘得灿烂美好。房地产商人总是给很一般的大楼取个气派到令人失笑的名号,就是最常见的例子。但这些欲望之中,说不定有的还真能提供给我们特别的力量或乐趣,不必一律以骗局去看待各种促销手段,而是先弄清我们自身的需求,再去选择。

圣诞老人是骗你的;每个人都有一个守护天使是骗你的;公主跟王子永远幸福是骗你的;努力就会有收获,善恶终有报……很可能都是骗你的,那又怎么样呢?

我们派不上用场的价值观,有的人可能会用到,可能会靠着那虚假的希望撑过一次难关。**我们需要的"明白",是明白自己想过的生活,而不是花力气去一一否决这些信念。**它们未必是错的,只是可能与我们无关。

3

连有脑子都嫌麻烦

叫我们降低欲望,我们肯定不乐意,觉得是被逼着做的,但如果是减少烦恼,我们会觉得划算。

头发已经接近掉光的动物学家，撑着拐杖走进了台球馆。虽然不良于行，台球却打得很好。

他一边打球进袋，一边跟我聊天。

"老天真的很幽默，在最瞧不起大脑的动物体内，竟然能找到可以治疗失智的物质……"他说。

"什么叫作最瞧不起大脑的动物？"我问。

"这种动物，找到定点住下来，判断不需要再移动，就把自己的脑子吃掉，以无脑的状态活下去。"他说。

"什么动物，这么放得开？"

"海鞘。"他说，"一般动物要动，才需要脑子，如果不动，就用不着脑子了，去掉省事，不然为了养脑子，还要多吸收能量，容易饿。"

"饿就找东西吃吧，谁不是这样呢？"

"海鞘不这样。海鞘衡量过了，为了动来动去供养个脑子，动来动去又不见得吃得饱，不如别动了，也不需要脑子了，可以少吃点。"动物学家说。

"我们人类干吗不这样？"我问。

"康永，你可没资格问这个问题！你的所有工作都靠脑子，放弃脑子，你就完了。"

"你还不是一样,没脑子还研究什么动物?连台球也甭打了。"

他叹了口气。

"海鞘这种最极端的断舍离,我们还真做不到。海鞘存在超过五亿年,品种有将近三千种。它们全身上下没什么可吃的,大家也就没兴趣吃它们……"

"这样还算活着吗?"我问。

"活着的状态有很多种,比方说:用有些植物或者菌类可以提炼出令人产生幸福幻觉的物质。"

"这个我倒也听说过。"

"你想想,存放着这种幻觉物质的植物和菌类,难道本身真的只是毫无感觉的容器吗?还是说,它们始终秘密地洋溢着幸福感,一种我们人类目前还感受不到的幸福感?"

"无欲"是不行的,"减少令人烦恼的欲望"则非常可行

放弃了大脑的海鞘,目前我们无从知道它是否感到幸福。菌类什么的就更神秘了。

简单生存比较轻松,但不一定幸福,因为幸福是不确定的事。

很多人都爱问:"这样算是幸福吗?"这个问题的答案,只有每个人自己有资格回答。

可是不管幸福与否,把生活变简单,一定比较少烦恼。

烦恼很好界定,没人问"这样算是烦恼吗",我们感到烦恼,那就是烦恼。

变简单,可以减少烦恼的事项。

复杂的摩天大楼,全身上下会不断地出问题,而一顶帐篷能出的问题就少得多。

变成海鞘是太极端的例子,但不能否认海鞘启发了我们对"懒"的想象——

人类不可能懒到放弃脑子,但我们倒是可以多练习着放弃脑中想像出来的很多东西。

日常表达中有一句我不太同意,但听起来确实很神气的话:"无欲则刚。"

"没有什么欲望,就会变得强大。"

我不喜欢这四个字,因为我不喜欢老是把"欲望"描述成负面的东西。

如果要把欲望分出好坏，有个简单的方法，就是看这个欲望是带给我们的乐趣多，还是烦恼多。值得实现的欲望，带来的乐趣超过带来的烦恼；值得丢掉的欲望，带来的烦恼超过带来的乐趣。

把值得丢掉的欲望给舍弃了，等于舍弃了烦恼，生活变简单，烦恼变少，人变高兴。

"无欲"是不行的，"减少令人烦恼的欲望"则非常可行。

如果欲望是"想跟人一块喝酒"，那么一起喝酒的人，就成为衡量的标准。有些人一起喝酒会带来各种烦恼，那就丢掉这个欲望，宁可自己在家喝。但如果能找到乐趣多过烦恼的酒伴，当然就值得实现这个欲望。

虽然不必像海鞘那样，粗暴到把自己的脑子吃了，但也请不必全盘接受脑中产生的各种欲望。衡量这些欲望，删去不划算的，生活一定会变简单。然后就有余裕可以探索更多的可能，给自己更多选择。

欲望减少了，受制于人的事也会跟着大量减少。不再轻易受制于人，把本来就归自己负责的人生捡回来。

4

没意见，没感觉，没我的事

练习情商的两个最简单的立场，说出口粗鲁，
但放心中稳当的，就是"关我什么事"跟"关你什么事"。

除了跟艺术家蔡国强以及跟五月天的阿信合作过艺术作品展，我也在正式的画廊做过一次我的个人创作展。在那次的展览里，我把一些很短的中文句子，用颜料涂在帆布上，做成画。

　　这个展览，就是由这种各式各样的"句子画"构成的。

　　展场里刻意不放我的名字，我的名字都藏在画的背面。我希望来看展的人，都能在这些展品中看到他们自己，找到属于他们的那句话，而不是看到我。

　　但我想要我的画能跟看展的人建立很私密的关系，每个人都可能在我的展品中出其不意地撞见一句乍看平常，但玩味之后却能触动他心事的句子。

　　其中有一幅非常小的作品，是在近乎黑色的深蓝底色上，用几乎看不见的深蓝色，写着"值得的"三个字，挂在一整面黑色的墙上。

　　我猜有人会有感触，但没料到有远超过我预期数量的人，哭着从这面墙前面走开，幸好我在画展的角落放了些椅子，哭得太厉害的人可以坐下来，消化一下被触动的心事。

强悍宣言：
关我什么事？关你什么事？

但我最亲爱的主持搭档徐熙娣小姐，却对着画展中另一幅文字排列成"L"形的画掉下眼泪，那幅的句子是——

"你看到的这个笑，是用眼泪灌溉出来的。"

她在这幅作品前抹了抹眼泪，说"可是我可不想在家挂一幅看了就掉泪的画，我要选另一幅"，然后选了一幅，上面的句子是"其实　可以　算了"。

人的选择真是微妙。

已经开始收藏毕加索、马蒂斯等大师画作的周杰伦先生，喜欢开朗的事物，他看着一句"狗会讲话，那还得了"笑了出来，然后转身选了"成为唯一"。

苏打绿的吴青峰选了"我在等外星人带我走"，他问我怎么知道这就是他的秘密计划。

另外，这场画展中有一个系列，字会闪动，句子会在"我"跟"你"这两个字之间闪来闪去，所以在这些作品前面走动时，画面上的句子一会儿是"关你什么事"，一会儿又是"关我什么事"。

令我意外的是，选这个系列的，都是女生，尤其好几位是已经当妈妈了，不禁令我遐想这幅作品挂在她们家中时，所散发的神奇威吓气氛。

练习情商的两个最简单的立场，说出口粗鲁，但放心中稳当的，就是"关我什么事"跟"关你什么事"。

我在展览期间，还制作了两百个提袋送人，黑底白字，提袋的一面印着"关我什么事"，另一面印着"关你什么事"。

几位优雅的朋友，都很高兴地背着这个默默呐喊着强悍宣言的袋子，上街去买菜。

稳定的内心，是活在混乱世界上的最棒的居所。

每次有天灾人祸，我们无言以对时，都只能叹出"无常"二字。

人生的大海中，没感觉就没感觉

"常"就是恒常，就是稳定不动。"无常"就是"没有恒常这种事，活着就不用想稳定不动"。

偏偏人类又超眷恋"稳定不动"的感觉。希望有天长地久的友情、亲情、爱情，当然这些都办不到。

一切都随时在变。

要在这么多变的人生的大海中，靠自己多变的状态，不断地浮沉前行，我们势必要把很多不要紧的事排除身外。

这就要依赖"不关你的事"跟"不关我的事"这两面大帆，在适当时把这两面大帆撑起，帮助我们的小船顺利前行。

之前写过的两本讲情商的书，已经讲了很多这方面的建议，现在这本书里，我希望能提醒你，黑色与白色之间的那一块，才是最宽敞的，足以容许很多变化的，可以任由船只找到自己航路的灰色的大海。

待在绝对的黑色或白色里面，很拘束，空间很窄，等于待在墙壁夹层里，而墙壁与墙壁之间的宽敞空间，当然自在多了。

在这片不黑不白的灰色大海中，你对很多人是既不喜欢，也不讨厌，你只是对他们没有感觉，没什么喜恶。

而绝大部分的人际关系之所以令我们疲累，就是因为我们既在乎别人喜不喜欢我们，又在乎别人讨不讨厌我们，这样当然会很累。

其实大多数人对我们当然也是"没什么感觉"，大家互相"没什么感觉"，会省去彼此很多心力。

拒绝垃圾，让心灵画布空出来

世间每秒发生的事太多了，百分之九十九跟我们没有关系，或有关系但我们能做的有限。

对于这样的事，我们也可以追求身处灰色大海的立场：我们"没意见"。

挂在嘴边似乎很无情：没感觉，没意见，好像行尸走肉一样。但其实这就是我们被各种人事轰炸一天后，回家清洗时该洗掉的，洗好后，进入人际关系的休息状态。

那些我们被鼓吹煽动需要有的"意见"跟"感觉"，占用我们一大堆心力，光是滑手机看影片傻笑，一下子就过了两小时，这样两小时两小时地过去，难道就是我们要过的日子吗？

把心力留给真正在乎的事跟人，剩下的，没意见就可以了，没感觉就可以了。你担心会因此变成冷漠的人吗？嗯，那要看你怎么定义冷漠了。那些因为疲于应付无聊的人际关系，终于变得皮笑肉不笑，结果一律敷衍了事的状态，那才是令人遗憾的冷漠啊。

让画布空着，因为你要画上你的画，而不是欢迎这个世界把一堆垃圾涂满你唯一的那块画布。

哦，对了，顺便一提：我最近学到一个词，它的意思令我有点惊讶。

我看了一本讲解佛教典籍的书，作者说，佛教典籍中常提到的"娑婆世界"的"娑婆"两个字，其意思是"堪忍"，也就是"让人勉强受得了"。

我还一直以为"娑婆世界"是多么美妙的世界哩，结果搞了半天，是个"让人勉强受得了"的世界啊……以这既让人摆脱不掉，又让人累得半死的人际关系来说，这世界还真只是让人勉强受得了啊……

5

别人是很烦,
但没有别人是绝对不行的

因为要合作,我们就必须在意别人对我们的看法。
毕竟不是蜥蜴或鲨鱼,自己一个人打猎吃饱就行。

●
●　　在动物的世界里,"别的动物"没那么重要。因为动物不在乎故事。动物既不讲故事,也不听故事。

　　动物不管过去,不管未来,只管现在。没有过去跟未来,就不会有故事。

　　既然不编故事,不讲故事,也不听故事,那么"别人"就不重要。

　　别人,就是来讲故事给你听,以及听你讲故事的人。

　　这就是为什么我们一辈子会花这么多心力,打理别人跟我们的关系。

　　"康永,我爸妈反对我辞职,也反对我开店。"她坐下之后,这样说。

　　她是一个播报气象的气质女士,每天提醒大家出门可能要带伞或者应该不用带伞,持续了十年。

　　她觉得播十年天气预报很够了,天气并不会优待她,晒了一样会黑,淋雨一样会感冒,她想辞职去开店。但首先就遭到爸妈的反对。

　　"你的店,想要卖什么?"我问。

"我喜欢漂亮的指甲,我想开美甲店。"她说。

她伸出她的纤纤十指给我看,每个指甲上都粘贴着一片会晃动的雨伞形状的小亮片,看来雨伞跟她的孽缘还未了。

"你开店的钱,是爸妈出的吗?"

"不是。"

"你爸妈会去店里做美甲吗?"

"不会。"

"那你为什么需要父母的支持?"

因为要合作,才需要在意别人的看法

我们动不动就想要爸妈的支持、伴侣的支持、孩子的支持。其实我们不需要。如果是开店,那我们只需要客人的支持,店就可以开下去了。

爸妈、伴侣、孩子、客人,都是别人。自己以外的,就是别人。

我们一辈子无比在意别人,就算根本不相干的人,我们也在意。

没事贴出一张美照,十位好友点赞,另有一个陌生人说这照片真丑,你立刻失去好心情,想找这人吵架。

我们干吗这么在意别人,即使是不相干的陌生人?

历史学家哈拉瑞(Yuval Noah Harari)在《人类大历史》[①] 中说:跟动物不一样,人类会想办法合作,不同的工匠合作,才造出了汽车;

---

① 哈拉瑞即尤瓦尔·赫拉利;《人类大历史》即《人类简史》。——编者注

不同的国家合作，才形成了国际贸易。

因为要合作，我们就必须在意别人对我们的看法。毕竟不是蜥蜴或鲨鱼，自己一个人打猎吃饱就行。

一旦想合作，就需要别人。

一切都只是"程度的差别"

搞清楚"别人"能多大程度地影响到我们，我们才能把"别人"分出轻重缓急。

分出轻重缓急，是追求效率的第一步。

要相处的人，分出轻重缓急。

要做的事，分出轻重缓急。

一切都不是"要或不要""有或没有"，一切都只是"程度的差别"。

而程度怎么拿捏呢？就是要区分轻重缓急。

不是"我要人际关系"或"我不要人际关系"，而是"我只要前五分之一重要的人际关系"。

"程度"的不同，没办法大刀一挥，一劈为二。

"程度"的差异，是像雪片的累积或消融，像水滴的增减，这就是人生的变化。

情商之中像水滴那样的"一步一步地来"，就是加加减减，移动界线，拿捏轻重。

6

就算一定要拥有房子，
也不一定要拿来自己住吧

情商的"明白、恰当、慢慢来"，
也可以用在对钱的态度上。

她忽然说要讲一个房东太太的笑话给我听。

"我朋友被公司调动,从香港调去澳门,他就跟租房子的房东太太讲要停租,请房东退押金。房东太太听说他是要搬去澳门,就跟他说押金不用退啦,反正在澳门的黑沙环区域,房东太太刚好也有房子可以租给他。

"他说不行呀,公司叫他要住澳门的望德堂区,不是黑沙环区域。

"'哎呀,望德堂区,我没有房子呢……'房东太太迟疑了一下,就说,'没关系的,我明天就去买一户望德堂区的房子租给你。'"

这位房东太太是怎么样都不想退押金,还是这租客表现太好,不想放他去别的房东那里租房?

显然对这位房东太太来说,房子就是拿来生钱的东西,确定有租客,就表示确定能立刻开始生钱,是立刻生效的投资。如果房东太太觉得租金的回报令她满意,于是追着租客的足迹去添购房子,听着虽夸张,但那就是她得心应手的赚钱方式。

可以由这位房东太太的逻辑,去理解她对房

子的原则：房子是拿来出租的，租金满足利润的房子，就是可以买的房子。

> 所谓"你愿意"，
> 就是跟自己商量

有不少人觉得，如果一辈子一直没有房子，好像没有安全感。

这样想的人，当然可以展开买房计划，但他可以像这位房东太太一样，优先选择能增加收入的房子，而不是买来自己住的房子。

我们买某家公司的股票，也不是买来穿或买来烧了取暖的。

有些东西实用，但买了就会减少你的钱；有些东西不能拿来用，而是拿来增加你的钱。

在选房子时，可以考虑世界上任何一个地方，选了预算符合的、可靠的、能增加收入的房子，这样也许就能感觉是"拥有房子"，从而解决安全感的问题。以这样的状态，再去租适合的房子来自己住。也就是说，虽然是租房子住的人，但同时也是在世上某处拥有房子的人，这样应该就可以满足名下一定要有房子的价值观了吧？

情商的"明白、恰当、慢慢来"，也可以用在对钱的态度上。

没人会否认财富跟过好日子的密切关系，所以在这本书里，也试着讲一点把情商三原则用在金钱上的建议。

不管是实际生活上还是精神层面，有什么非达成不可的愿望，可以好好跟自己商量，透过广泛学习并请教高手们，找到一个解决方案：符合现实逻辑，不会葬送青春，也能拐着弯地在某个程度上把愿望实现。能做到这样，就很幸福了。

所谓"你愿意"，常常就是指：我们愿意跟自己商量，愿意认可跟自己达成的解决方案，并且实行。

7

容许我们的心,
可以感冒,
也可以拉肚子

把"什么都不想做"跟"罪恶感"分开。

-
-

"我最近什么都不想做。"我说。

"你不是最近什么都不想做。你只是最近什么'正事'都不想做。"她说。

她是我看过的一个角色，是冷酷坚毅的妈妈机器人，从美剧《异星灾变》(*Raised by Wolves*)中走出来，冷冷地看着我。

这个角色因为既是一群幼儿的妈妈，又是屠杀型飞天机器人，所以被她一瞪，很容易觉得温暖中背脊一阵发寒。

"被你这么一说，好像还真的是这样……"我支吾着。

虽然妈妈机器人说话既直接又犀利，但还是能发挥安慰的作用呢。

"我发现你们人类把事情分成'正事'跟'闲事'，当你们说'什么都不想做'的时候，通常只是'什么正事都不想做'，相对地，吃还是照吃，打游戏还是会打，睡懒觉也还是继续睡。"她说。

"都不想做正事，也没关系吗？"我心虚地问。

"什么都不想做，如果只是一阵子的事，那就当作你的心偶尔在感冒吧。"她说。

身体会感冒、拉肚子，甚至患上更严重的病。对心也可以这样看待。

把"什么都不想做"跟"罪恶感"分开。心的状态会变化，偶尔或长期地生病，要想办法让病痊愈，但别感觉有罪恶感。

人生应是值得的，人生不是应该的。

8

不一定要抵达终点

想靠近终点,就不要让自己累到讨厌那个终点。
如果累到讨厌那个终点,就自己动手,
把那个终点移近一点。

- 人类很擅于在各种根本看不见的地方，点上一点：

讲话讲完，会有句点；不能输给隔壁小孩的那个点叫起跑点；赔钱赔够了的那个叫停损点。

做一件事情呢，当然也有起点跟终点。

这些点，虽然看不见，但因为是我们跟别人的约定，如果不遵守、不认真地看待，跟别人就没办法合作或交往。

但如果这些点是我们跟自己的约定，移动的弹性就大得多。

我认得一个跑马拉松的朋友。他平常在实验室整理数据，有空就报名跑马拉松，但从来没有一次跑完全程。

他不但跑步跑不完全程，就算平常的仪态，也完全没有运动员的样子，一坐必然瘫着。

他瘫坐在我的对面，桌上放着给他的咖啡，但因为他懒得伸手去拿起咖啡杯，他就伸长脖子去靠近杯子，啜嘴去喝，像河岸边提防着被鳄鱼叼走的猴子。

"你这么懒，竟然还跑马拉松？"我叹了口气。

"喝咖啡这个动作只是手段，不是目的。喝上咖啡才是目的。"

"懂。"我说。

"目的达成就好，手段不必讲究，有效率即可。躺着喝，倒着喝，怎么省力怎么喝。喝到咖啡就好。"

"了解。"我说。

"但马拉松不是手段，又不是要靠着跑马拉松，把自己从纽约跑到伦敦省机票钱。马拉松本身就是目的。"

"既然马拉松是个目的，那你倒是好好跑步啊。"

"我有好好跑啊。"他说。

"你每次根本都没跑完，这也算好好跑？"

"我每次都跑完了。"他说。

"鬼扯，我在场亲眼看着的，就有三次你都没跑到终点，你老是比别人早半小时就放弃了。"

"我没有放弃。我跑到我的终点了。"

"什么意思？"

"我自己设了终点，我跑到我的终点，跑完了。"

"你自己设的终点?! 那大会设的终点呢?!"我问。

"那是大会设的终点呀，关我什么事？"

"你这根本是自欺欺人吧?! 你不在乎大会设的终点，那你一个人跑就好了呀，参加千人跑步干吗？"

"你每天活在千万人之中，你不也是设了自己的终点吗？"他问。

我一时还真反驳不了。

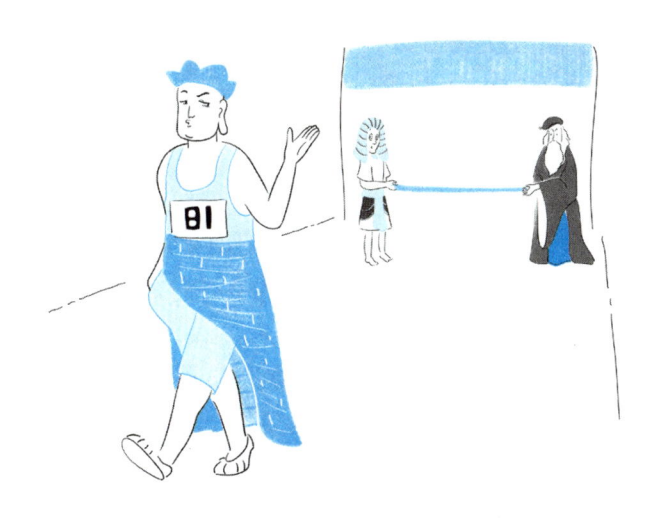

如果跑马拉松就是目的，
终点有什么重要

活在多少人之中都没关系，你可以在很多人里做你自己的事。

主办千人马拉松的主办方，给大家设了终点。

我们生活中，也有各式各样的主办方，给我们设了各式各样的终点，要求我们抵达。

我们知道这些终点的存在。但我们也可以自己设个终点。

我们自己的终点，听起来很任性，似乎说不上有什么道理。

但各种主办方设的那些终点，其实也都很任性，也都说不上有什么道理。

公司要求这个月的业绩要提高百分之二十，有什么道理？不就是老板觉得要提高百分之二十吗？这还不任性吗？老妈要我考进这十所大学之一，不然就不认我这个儿子，老妈这样不任性吗？有什么道理？

如果跑马拉松本身就是目的，终点有什么重要？
如果活着本身就是目的，终点有什么重要？

不必我说你也知道，人生的终点只是死而已。不会仙乐飘飘，不会满天花雨，只是没得商量的死而已。

靠近终点就很好了，不一定要抵达终点

如果做每件事都无视大家约定的终点，当然会令人困扰。

但如是我们自己给自己定的目标，请保持弹性。
只要靠近终点就很好了，不一定要抵达终点。

所谓抵达终点，大多时候，也只是一个暂时的状态，不代表一劳永逸。

我们是没办法定居在终点上的。就像跑步的人，冲过终点，放慢速度，改成用走的。我们可以抵达终点，经过终点，但没有人可以停在终点，再也不动。

自己设的终点，要设在哪里，如何拿捏呢？我的建议是：

量力而为,"不要设一个会累到令我们讨厌的终点"。

很多人离开学校以后,不想再学任何东西,是因为学校给学习设了各种终点,为了抵达那些终点,很多人累坏了,累到觉得学东西很讨厌,之后就逃避学习。

想靠近终点,就不要让自己累到讨厌那个终点。
如果累到讨厌那个终点,就自己动手,把那个终点移近一点。

保持弹性,不是为了自欺欺人,是为了永远不会变得讨厌那个终点,最终只想放弃那个终点。

9

过去可以存好，
不必随身携带

这些拥有，在当下都很过瘾、很深刻，
但它们没办法像砖块一般，
垒成城堡，阻挡生命的无常。

-
-

"康永,所有人都可以对你的过去很感兴趣,但你自己可千万别这样。"

当年走"艳星"路线的她,现在八十六岁了,她坐在我的对面,背脊仍然挺直,眼线又粗又黑,眼尾画得飞起,一路飞入发鬓。

她仍然有光芒,只是她耳背了,听不太清我的提问,我在镜头前保持微笑,但提问一律必须用大吼大叫的音量,好让她听见,棚内的摄影师们目睹这么荒谬的景象,都在忍笑,但往日巨星镇定地微微侧耳来听,很自在。

"你问的这些,我都不记得了。"她回答我,"康永,你问的都是六十年前的事,何必记得呢?"

我想这可不妙,六十年前那段微妙的情史一直众说纷纭,难得请到了当事人,还是该努力问问,于是我翻着手边的资料,提醒她那部电影的名字,她的眼睛突然亮起来。

"啊,那是我演的第一部电影呀,我怎么会完全给忘了……"她惊叹着。

访问人,常常都在访问人的过去,像是陪伴当事人一起去翻寻他们自己也久未探访的、结满蛛网

的阁楼。

有一次,一位受访者似乎觉得我问太多,他被挑起了太多回忆,他有点不堪其扰地对我提出了忠告。"所有人都可以对你的过去很感兴趣,但你自己可别太陶醉在回味过去中。过去的事就放着,不要随身携带,老是带着那么多东西,哪里也去不了。"他说。

我听到这番话的时候,不太明白。人生最珍贵的不就是回忆吗?人生的每一段不都是为了累积回忆吗?

拍照留记录,却错过当下

现在我应该会稍微改变想法了。

回忆无比珍贵,但那就是回忆,过去不是此刻,不是我们正在活着的人生。

跋山涉水，到了一生只能造访一次的地点，有人是不停地拍照，以便有图可以发朋友圈，要为回忆留下证据。

仿佛是去拍摄节目的工作人员，而不是去旅行的人。

这种到景点只顾拍照的旅行方式，一直都引人嘲笑，但也很难改掉，很多人就是觉得旅行这种事花了时间又花钱，当然应该隆重记录。

其实这样做过的人都心知肚明，所谓隆重记录，后来很少会去翻看，要讲到在人生留下什么痕迹，无非是柜子里一些印着地名的纪念品。不好好体验当下的人，不管身体被运送去过多少观光胜地，留下的都只是观光纪念品，比较难在心灵上留下痕迹。

被安排的旅程，听命而行的走马看花，很快就会忘记，硬要记也记不起什么。

自己安排旅行，去弄清自己喜欢什么，想要经历什么样的旅程，才可能记得。

记得的不是东西，不是观光照片，而是记得那时的感受，记得自己的体会。

生活要是以"收集将来的回忆"为立场，恐怕就会有点像一味拍观光照留记录的行为，难免错过非常多的当下。

别因为谈过一百分的恋爱，现在就拒谈七八十分的恋爱

讲白了很扫兴，但其实值得常放心头，能时时帮助我们做明智的决定：

生命的结尾，一定是失去，而不是"永远拥有"。练习着不要把这个最终的失去当成失败，才有办法好好过日子。

每次发生天灾人祸时，我们在网上交流时写下"无常"二字，可以不是敷衍了事地写，而是老老实实地学习"无常"是任何生命的必然状态。

想要假装"拥有"来保护我们，这是徒劳无功的。不管我们拼命搜刮、收集、收藏了多少宝贝、多少名牌包、多少可歌可泣的恋情、多少回忆，这些拥有，在当下都很过瘾、很深刻，但它们没办法像砖块一般，垒成城堡，阻挡生命的无常。

回忆无比珍贵，但回忆就是回忆，现在就是现在。

人类很喜欢笑动物没记性，号称只记得几秒的金鱼，过了季就忘记橡果被自己藏在哪儿的松鼠，都常被取笑。

但就因为没有记忆，不会一直回想过去，动物没得选择，只能活在当下。

如同没有冰箱，动物就吃手边能吃到的。

有些动物摄影师拍到原野上躺着力竭的狮子，看着远方，我们人类很容易代入地想象老狮子正沉浸在美好的回忆中，在那回忆中，它处在巅峰，不可一世……

没有的事。老狮子只是在用仅存的体力保持呼吸，以及继续用尾巴赶着永远不放过它的苍蝇。

我们太看重记忆，有时甚至把记忆树立为从此必须达到的最低标准。因为过去吃过一百分的面包，从此就拒绝吃七十分或八十分的面包，是不是很没必要？

因为过去谈过一百分的恋爱，从此就拒绝谈七十分或八十分的恋爱，这对现在的自己也很不公平。

更何况，过去的所谓一百分，往往只是经过时间美化的一百分啊。

为了过去，放弃了现在。每天对着镜子懊恼着没有十八岁时那么漂亮，死抓着过去来当成拒绝现在的武器，最后就能回到十八岁吗？当然不能，只是<u>徒然地又把现在给搞丢</u>。

过去即使是我们的黄金招牌，一直扛着这块黄金招牌，也不会换来羡慕的眼光，只会累到走不动吧。

<u>过去的做事方式、过去的观念、过去的知识，往往只能带我们前往我们已经去过的地方。</u>

现在有现在可以做的事，用现在想到的方法来做，比较可能前往还没去过的地方。

10

回忆的珍贵之处，在于你可以一直换新的角度去看它

自由地去想象自己的人生，想象未来。

有一次，感到失落，心情黯淡，找好友蔼玲讲话。

我们聊了一阵之后，我想安慰自己，就随口做个结论：

"不管怎样，就好好保存这段回忆吧。"

说完，我起身准备要走，没想到蔼玲又接话了：

"康永，回忆不是拿来保存的，回忆不是一件东西，让你拿来锁在保险箱里。回忆是现在的你的一部分，跟着你经历生活，也会跟着你改变。"

我当时很沮丧，没有多想，抛在脑后。最近，当别人找我讲起回忆时，却变成我自己在说同样的话，也终于懂了当年蔼玲的意思。

"我三十岁时，会用三十岁的立场去回忆我的妈妈，去推测她怎么看待她自己的人生。

"接下来，每过几岁，我就改成用那个年纪的立场去回忆我的妈妈，又会得到不同的推测跟理解。"

如果我们可以信赖自己现在的目光，用这目光去理解过去的自己，这表示我们已经能够安然地接受自己的变化。

相对地，如果我们一直把回忆当作固定不变的，我们就有可能被这份回忆给限制住，限制了我们对接下来的人生的想象。

心理学家布伦特·史利菲（Brent Slife）在他有关"时间与心理"的著作里说，是我们的现在，赋予了我们的过去意义。

例如，当你第一次辞职，逼得你当时的老板把你的薪水提高三成，留住了你继续为他工作五年。这段往事在不同的人生阶段去回顾，就会显示不同的意义，如果是等到你后来自己创业当老板时再去回顾，又会因为你自身立场的改变，而对这段往事有不同的体会。

因此可以理解，并没有什么永远固定不变的回忆。我们变，回忆也就跟着变。我们是回忆的主人，而非回忆的奴隶。回忆诚然珍贵，但它的珍贵在于它供应我们养分，不在于它是黄金打造的重担。

建立这种"把回忆拿来支持现在"的心态，能令我们不再被回忆绑住，取回对回忆的主导权，自由地去想象自己的人生，想象未来。

11

那叫作安稳,
还是窒息

婚姻为什么那么容易带来窒息感?因为"定下来"了。日复一日,没有好奇,不再冒险,只求生存有保障。

她录制一档聊天节目,算是一位播客。节目中都聊一些玄奇的事,但她私底下根本不信这一套。

"节目上来了一个用竹牌算命的师傅,我就问她:我男友的工程师工作会不会被人工智能取代?"

"竹牌师傅怎么说?"我问。

"没想到那副竹牌倒是挺诚实的,直接告诉算命师,说它们竹牌没经历过人工智能的时代,算不出人工智能的事。"

听起来这竹牌确实比很多动不动就指手画脚的人负责任。

很多人对自己没经历过的时代,都热衷给建议。

生活方面的建议也就罢了,毕竟三婶二舅可能真的很懂怎么挑五花肉、怎么剪脚指甲,但工作的建议实在不用硬给。

所有硬给的建议当中,首屈一指的当然就是"找份稳定的工作,定下来"。

我们是动物，这句话却建议我们做植物、做矿物。

"定下来"有这么好？死了埋了，不就妥妥地定下来，不能更进一步地定下来了？

给出这种建议的人，应该没有考虑过生活的窒息感。

除了稳定感，人生还有其他选择

婚姻为什么那么容易带来窒息感？因为"定下来"了。谈恋爱时的苦乐都刻骨铭心，因为患得患失，在乎对方言行各种细微的变化，摸索前行。

本来在热恋中那么兢兢业业的伴侣，怎么会到了婚姻中就怠惰而出现了窒息感？

日复一日，没有好奇，不再冒险，只求生存有保障。有了小孩以后，把自己定位为"小孩日后所需"的供应者，且因为料不准小孩日后到底需要多少东西，这个储备任务就一眼望不到头，可以一路进行直到老去。

稳定，当然有令人向往之处。但时代的变化速度很快，这个时代的稳定是什么？这个时代还有稳定吗？生命的稳定，就是"定下来"吗？

永远会有人喜欢稳定，就算不能真的稳定，也向往稳定的感觉。

也许可以试着把这种向往，拿去追求平静稳定的心。用稳定的心，去迎接生命该有的各种变化。

学习情商，就是为了躲开生活的窒息感。

最值得稳定的，是能够迎接各种变化的稳定的心。

12

就算说了那种话,
还是要继续活很久吧

不学习的人,会给自己一些听起来洒脱、干脆的借口。

"康永，我当年成为大明星的时候，不识字。"她笑着说。

"后来有机会学吗？"我问。

"那是当了明星很多年以后，慢慢学的。"她说。

她是传统戏曲的前辈大明星，在还没有电视节目可看的时候，她的粉丝为了送她礼，会站在戏台口，拿手帕包了金镯子、金链子，争相往台上丢，丢得满台都是，戏班子还要专门派人上台去捡这些黄金。

她并不是特例，在她的时代，不少明星都没机会接受识字的教育，他们脑子里记下了起码几十出戏剧的唱词动作，那些唱词充满了历史典故、诗歌对仗，每出戏动辄一两个小时，他们可以上台就演，连细节都记得清楚。

他们如果参加学校的那种语文考试，可能考得很糟，但那样的学校，也无法把他们打造成大明星。

找出自己的学习偏好

教育专家发现，每个人学东西的方式各有偏好。我访问过的音乐人有些完全不会看乐谱，会煮菜的大厨，好几位也不看食谱。

教育专家尼尔·弗莱明（Neil Fleming）设计过简单的问卷，让我们可以看看我们偏好的学习风格，问卷把学习者分出四种偏好：

一、视觉型，透过图表、地图等来吸收知识。
二、听说型，透过演讲、简报等来吸收知识。
三、读写型，透过阅读文字来吸收知识。
四、体验型，透过亲身体验来吸收知识。

他认为找出了自己的学习偏好，会学习得更有效率，也更容易有成就感。

但弗莱明也提醒我们，没有人会永远只用一种模式去学习，而是根据不同的状况，更换学习模式，或者混合使用不同模式。

把学习当成自己的权利

在学校时，我们多半是被考试逼着去读书，一旦不再有考试，不再担心考几分以后，学习就不再是别人逼迫我们才做的事，反而是我

们要依靠着学习，才能活得新鲜、有趣。

不学习的人，会给自己一些听起来洒脱、干脆的借口：
"我就是这种人，学不会这一套的。"
"我都这把年纪了，还学什么学。"
"我很笨的，学不会的。"
等等。
说出这些话的人，他们还继续活吗？当然，他们说完这些话，并不会立刻死去。
当他们宣布不再学习之后，继续活着的二十年、四十年、六十年，他们是怎么活的呢？
他们一定仍然在学习，才能一步一步活下来，但恐怕是被动的学习，也就是被生活狠狠教训之后的、不开心的学习。
我们如果愿意把学习当成自己的权利，愿意主动选择学习的方式，会有效率得多，也会开心许多。
不相信学习的人，是不相信自己的人。

13

请重视尴尬带来的力量

球赛、派对、聊天,都一样:
再怎么尴尬,都胜过冷淡。

主持节目这种工作，当然包括要看来宾的表演。有些表演棒到令我当场落泪，也有些表演烂到令人哭笑不得。

有一次，我遇到一位曾经来我节目表演跳舞、结果却跳得非常烂的同学。我问她当时会不会觉得很尴尬，她说当然很尴尬。我说记得那时我并没有逼她跳，为什么她还愿意跳？

她说有机会跳，当然要大跳特跳，至于尴尬的部分呢，她接着说："尴尬就尴尬啊。尴尬怎么了吗？"

只要有目的，尴尬就会值得

非常多的人告诉我，他们没有用力拥抱过爸妈，没有对爸妈说过"我爱你"，也没有好好询问过爸妈，请爸妈说说他们的人生故事。

"为什么不呢？"我问。

"那样很尴尬。"他们说。

有一些专家会提出比较缓和的、不尴尬的做法。

但我的建议是：尴尬就尴尬，尴尬也没什么。

伴侣或亲子，各自处于人生的不同阶段、不同状态，要浑然天成、不露痕迹地互相了解，其实很难。

久而久之，双方都气馁，放弃了摸索，越来越陌生。

为了怕尴尬，竟然就此陷入人际关系的牢笼，这会不会太不划算了?!

生活与节目有相似的要求：再怎么尴尬，都胜过冷淡。

球赛、派对、聊天，都一样：再怎么尴尬，都胜过冷淡。

只要有目的，尴尬就会值得。

什么样的目的呢？

人才培训专家博恩·崔西（Brian Tracy）建立了一个非常简单有效的问题清单，让我们去问我们身边重要的人。

这张问题清单，只有很浅白的四个问题：

一、有什么事，是你希望我多做一点的？
二、有什么事，是你希望我少做一点的？
三、有什么事，是我没做过，而你希望我做做看的？
四、有什么事，是你希望我不要再做的？

明明是这么简单的四个问题，我相信很多人都从来没有拿来问过对方，不管对方是伴侣还是亲子。

大概有人觉得这么直接问，好赤裸、好粗鲁、好尴尬。"这么亲近的人，难道就不能自己体会吗？"他们会这样反问。

恐怕还真的不能体会。人与人的亲近往往是表面，实际上互相很陌生。

何况，<u>尴尬又怎样呢？总是胜过冷漠。</u>

主要是直来直往的效率会出乎意料，一旦问到答案之后，你一定会非常惊讶，原来对方对你的期望是这个！

这四个问题的答案，会带来惊吓与惊喜，很可能会把情况搞得更尴尬、更混乱。

但起码不是更冷淡。

尴尬
是小事

<u>一旦你体会到尴尬没什么之后，应该也就能做到：放下多余的自尊，拜托别人帮助你管理自己。</u>

拜托同事：如果同事看到你抽烟，就可以要求你请他吃一顿饭。

拜托同学：如果同学逮到你该念书时看手机，就可以逼你立刻讲一个笑话；或者，在社交平台上向实际上挺陌生的九十九个网友发出讯息，请对方任意给你一个建议，看看会收到些什么样的反应……

（为什么是九十九个呢？因为每次发出的讯息不满一百，这样可以形成一种"还有一封没发"的未完成感，有利于下次想再发讯息时，不会失去动力……）

听起来都是超尴尬的事。但真的进行了，会发现收获远不是无聊的尴尬所能比较的。

相形之下，尴尬这种小事，就变得微不足道。

14

很多东西会拜访我们，结果我们一个也认不出来

给自己一些机会，迎接各种际遇，

允许自己有机会在各种际遇中反应、选择。

据说我的声音很好认。我有时候戴着口罩、戴着眼镜去买咖啡,只是开口点了饮料,等拿到饮料时,杯子上往往已经写上了店员贴心的祝福:"蔡先生,希望你今天开心""康永哥,期待你下一本书"……

这表示我就算戴头罩去抢银行,也不能发号施令。

不过随着我越来越少主持节目,会越来越少人听过我的声音。

越少接触,就越不熟悉;越不熟悉,就越认不出来,这是理所当然的。

我被问过很多次:"当机会来了,怎么知道那就是机会?"

嗯,很可能不会知道,因为如果没有大量去接触机会,只是一味很被动地等待机会来偶遇,那我们势必对机会长什么样子很陌生,即使它们走到面前,也认不出来。

才华必须跟"遭遇"搭配，才会杰出

很难认得不常接触的东西。

有很多杰出的人愿意接受访问，告诉别人他们是怎么做到的，其中有些人是想炫耀，有些人是想说明，有些人是要借机推广理念，也有些人真心希望这些经验之谈，能够帮到别人。

听他们讲的内容，表面上是在听"方法"，听"他们是怎么做到的"，但实际上，我们真正要听的是"他们遭遇了些什么"，听"遭遇了之后，他们做了什么"。

他们所做的事，是回应他们遇到的人和事情。

做事的方法，不是凭空蹦出来的，而是因为有了遭遇，做出反应。

跟他们有同样遭遇的人，没有做出跟他们相似的反应，结果就没那么杰出。

决定他们表现的，是"他们的遭遇与他们的反应"，不是单独存在体内的所谓才华或天赋。

才华或天赋也重要，但一定是跟"遭遇"、跟"反应"搭配，才可能形成杰出的表现。

所有在各种座右铭中不断听到的"机会""时机""眼界""见识"等字眼，其实都只是在讲一件事：

你遭遇了什么？你有试着做出反应吗？

放弃了际遇，也就等于放弃了机会

有些人信民间传说、武侠小说，很欣赏在山洞里对墙壁静坐十五年的苦思，或者跟巨鸟每天在深山里挥剑苦练，觉得这样的人有一天把大袖一挥，站到山巅上，说一声"我来了"，天上就会一阵闪电，天下就会一阵骚动，迎接这人带来的风云变幻。

坐在山洞里一直不出来，除了山崩被埋起来，或者被自己的排泄物熏死，很难有什么际遇。跟巨鸟练剑，除了每天遇到这只鸟，很难有什么际遇。

有些所谓"书斋型"学者，长年关在书房里，皓首穷经，他们经由苦读，能够引经据典，但实在没有什么遭遇，无从训练对遭遇的反应，所以从他们身上，常感受到知识，却未必能感受到处世的智慧。

某次有人问我对工作选择有什么建议，那是一位在便利店打工的同学。

"即使是一样在便利店打工，我也会建议尽量选'际遇多'的便利店，也就是选'际遇多'的时段跟地段，胜过在'难有际遇'的店里打工。"

为什么好电影能启发人？因为电影的角色密集地有各种际遇，然后对这些际遇做出反应。电影通常只有两小时，在两小时里，主角遇到各种人，跟他们相处，从他们的言行得到刺激而采取行动，最终有所成长跟领悟。当电影演完、故事结束时，领悟却没有结束，领悟留在我们心中。

被陌生人启发，从此更明白生命的电影故事，我可以想到好几个，且挑三个我很爱的来讲一下。

一个守寡的退休女老师，叫了一名可以共度几小时的、网上评价很好的男伴同游。

这部电影是《祝你好运，里奥·格兰德》(Good Luck to You, Leo Grande)。

下一个是被富家子弟压迫的穷学生，为了赚零用钱，辅助一位眼盲的退休军官，陪伴这位军官进行自杀前的最后旅行。

这部电影是《女人香》(Scent of a Woman)[①]。

最后一个是事事都报告爸妈的、一直被退稿的年轻作家，他一见钟情地、无法自拔地爱上了一个法国外交官的夫人。

这部电影是《爱情限时恋未尽》(5 to 7)。

为什么忍不住要提这么三个故事呢？

因为这三个主角都在日常生活中遭遇到一个陌生人，他们根本不知道那算不算是机会，他们就是凭着生活赋予的感受力，学着从另一个截然不同的人的眼中，重新认识一次生活，结果得以重新认识了本来很陌生的自己。

---

① 又名《闻香识女人》。——编者注

反应和选择，机会就被你制造出来了

如果我们在真实的世界，基于任何原因，不愿意脱离重复的生活，不愿意多认识几个跟自己很不同的人，那起码，我们以最不麻烦的方式，透过书本或影剧里面的主角们，派他们代替我们去冒险，我们安全无虞，他们去经历，去替我们取得领悟。

这本书写成的此刻，书跟电影这些传统的载体，都正在经历巨大变化。很快地，书跟电影都会变成跟现在很不同的样子，可能未来会靠电线或电波把内容送进我们脑中，由我们自己直接扮演主角去体验故事，像某种拟真的游戏。

在那一天到来之前，给自己一些机会，迎接各种际遇，允许自己有机会在各种际遇中反应、选择。

如果放弃了际遇，也就放弃了所有人生座右铭之中所说的那个叫作机会的东西。

那又何必再问"当机会来了，我们怎么知道那是一个机会"呢？问的人根本没兴趣认识它啊。

你会有遭遇，你会有反应，你会做选择，机会不是来了，机会是被你制造出来了。

V

别当回事，然后自在

1

吃苦有时就是倒霉，哪有什么圣光

吃有目标的苦，
请别把吃苦当成了目标。

眼前出现一位作家，很眼生，没见过，她的身影是由书页之间蹦出来的。她用手指了指书封面上的作者大名，我才知道出现的是已经过世的作家冈本加乃子。

"康永，你知道释迦牟尼刚创佛教时，受到当时其他在印度流行的教派猛烈攻击吗？"她说。

"在下不知，愿闻其详。"

"相关教派的名字很长，你一定记不住。"

我照着她说的复诵一遍，确实记不住。

"这一派要求信徒要特地穿得破烂，让身体多吃苦头，当成修行，以求悟道。"她说。

"生活已经很苦了，还要另外找苦来吃，这样能号召信徒吗？"我问。

"他们告诉信徒：对自己施加痛苦，来世就可以降生天界，永远幸福。"

"这样啊……这种说法，对于本来就过得很苦的人，可能很有吸引力，反正横竖在吃苦，就顺便靠吃苦来累积自身的修行。"我说。

"当时释迦牟尼之所以会受到他们攻击，是

因为他主张:'苦劳不是活着的目的,经历苦劳,是为了设法消除苦劳。'"

受苦
并不高贵

"后来谁赢了?"我问。

冈本作家扑哧一笑。

"又不是王道漫画,什么谁赢了,硬要说的话,大概算是释迦牟尼赢了。"

"受苦就能换到来世的永远幸福,是很讨喜的说法。"我说。

"但释迦牟尼说上天如果真的会审核修行的程度,哪可能被人间这么粗浅的作假手段给糊弄。"

是啊。贫穷并不可耻,但贫穷也不高贵。同样地,受苦当然不可耻,但受苦也没有什么高贵。

一切要看我们追求什么。

先别管宗教信仰这些,单看释迦牟尼这段话,就是"只吃必要的苦就好"。

不用美化吃苦,不用神圣化吃苦。

吃有目标的苦,请别把吃苦当成了目标。

2

别老想不得罪人，想一下得罪了会怎样

长期窝在"不要得罪人"的笼子里，
身高一定停滞，肌肉一定萎缩。

最近因为打架上了新闻的新人演员，十八岁，头发像刚从爆炸中生还那么蓬乱。他找我聊天，可能他觉得找我时该打条领带。那条旧领带绑在他细细的颈上，还有他身上那件破很多洞的 T 恤，给人一种最近布料供应很吃紧的感觉。

"康永，真的不可以得罪人吗？"他问。

我还是第一次被问这个问题。

"可以得罪人啊。"我想了一下，又忍不住补了一句："如果得罪的后果，你吃得消的话。"

他缓缓露出一丝微笑。

爆炸头新人，跟一般新人想事情的起点不太一样。一般人通常会想"如何才可以不得罪人"。

爆炸头新人想的是"真的得罪了会怎样吗"。

根据目前对人脑的研究，据说到二十五岁，脑子才会长完整。

如果真的采纳这个说法，二十五岁之前的人，没把某些事放在心上，也是理所当然。

比方说，得罪人就得罪了，会怎么样吗？

就算脑子长完整了，也不表示我们的人际关系，要建立在"尽可能不要得罪人"上面。

得罪人跟委屈自己，哪个伤害比较大？其实可以衡量一下。

不管本来是温和的个性还是易怒的个性，如果把"不要得罪人"放在优先级的前三名，那就等于注定要委屈自己了。

为了不得罪人，忽视自己的需求，以至于去念不想念的科系、跟不想在一起的人结婚、做不想做的工作、过很吃力但符合别人标准的日子……

以这个立场进行的人生，怎么还可能谈立志，谈目标，谈习惯的养成，谈一切的累积？

把你的需求摆在"不得罪人"前面

没有人喜欢随便去得罪人。

但长期窝在"不要得罪人"的笼子里,身高一定停滞,肌肉一定萎缩。

最亏的是,付出这些代价,别人可能当成理所当然,根本完全没察觉你的苦心。毕竟他们"没被你得罪过",就算常常把你看成透明人,也很合理。

我们走路不踢到石头,哪可能会注意到那块石头的存在?

如果你没有常常练习"说不",那么你的答应,就会越来越没价值。

我们不必老是把"不"挂在嘴边,但请把说不的能力当成是如同游泳、骑车一样的能力,当你要用这个能力时,你用得出来,不会害怕,不会有罪恶感。

你游泳是因为你想游泳,或必须游泳,你游泳是基于自己当下的需求,这时只要你能游,你就不会害怕,更不会有罪恶感。

对于"说不",也建议持一样的态度。

得不得罪人,只不过是各种选择之中的一种,不是什么大罪。

有些人恐怕是难免要得罪的,或者就算得罪了,也还是很划算的。请不用把"不得罪人"放在"自身需求"的前面。

3

人生只要问这三个问题

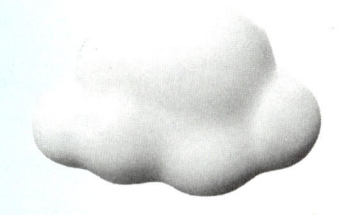

有时我们会以为人生是关于什么了不起的事,有什么了不起的答案。但其实问这三个问题就够了。

所有电影怪兽中,资格最老、最喜欢把大楼撞倒或踩烂的哥斯拉,有一个很华丽的对手,是全身金光闪闪的三头飞龙——王者基多拉。

一阵腥风扑面而来,大到不像话的三头飞龙基多拉,扇着翅膀,降落在我面前。

"我最近说了什么令您不开心的话吗,基多拉大人?"我说,声音发颤。

基多拉恶狠狠地用六只眼睛瞪着我。接下来开口说话了,说话的顺序似乎排练过,从右至左,每个头说一句。

"蔡先生,我要求你问我三个问题。"三个龙头中右边的头说。

"我们这三个头,每个头会回答你其中一个问题。"中间的龙头说。

"如果答不出,我就立刻飞走。"左边的龙头说。

好啊,问问题嘛,是我作为节目主持人长期以来的工作,希望问完不会被基多拉一口吞掉就好。

我本来想问基多拉如果谈恋爱了,是由三个头之中的哪一个去接吻，但想一想觉得这个问题有危险，万一基多拉没恋爱过，恼羞成怒，想都不用想就会一口吞掉我。

于是改问简单的问题。

"你最想在什么样的地方生活？"我问第一个龙头。
"你最想过什么样的生活？"我又问第二个龙头。
"你最想跟什么样的人一起生活？"我接着问第三个龙头。

基多拉听完这三个问题，低头想了一下，然后说：
"我没有好好想过这几件事，等我想好了，再来回答你。"

说完，基多拉扇起翅膀，刮起腥风，扶摇而去，留下劫后余生的我松了一口气。

我不知道基多拉要多久之后才会飞回来给我答案，也有可能隔一阵子它就派只蚊子什么的飞来一下，每次给我一个不同的新答案。

请好好回答这三个问题

说起来是非常普通的三个问题，但其实够了。

拿来问一只宇宙大怪兽，或者拿来问一个小朋友，或者拿来问一位老人，都足够了。

有时我们会以为人生是关于什么了不起的事，有什么了不起的答案。

但其实问这三个问题就够了。

别再用各种模糊的、不知所云的愿望，继续跟自己插科打诨了，别再把事情丢给圣诞老人、月下老人，甚至丢给宇宙，别再许愿那些自己也搞不清怎么才算数的"幸福快乐"，好好回答这三个问题就好了，当然可以时时更新，但请好好回答这三个问题。

人生值得或是不值得，总要有个判断的标准。而这标准，要由我们自己定下。

4

日子是拿来过的，
不是拿来换钱的

"对自己好"并不是指特定的某一种活法，
但"对自己好"可以遵循一个简单的原则，
那就是"停止那些对自己不好的事"。

- 我最好的朋友约瑟夫热爱艺术，也热爱赚钱，这两大嗜好加在一起，使他在逛各国的大美术馆时，既兴奋又沮丧。

兴奋是因为各大美术馆收尽艺术至宝，美不胜收；沮丧则是因为美术馆内当然没有任何一件艺术品有标价，全都是非卖品。约瑟夫想要买进卖出的投资本能完全被封禁，如何能不沮丧?!

"约瑟夫，你知道，大都会博物馆的这些艺术品，就算有标价，全世界有资格考虑要不要买的，恐怕也不会超过十个人。你又不在这十人之中，何必胡思乱想，操那轮不到你操的心呢？"

约瑟夫点头称是，当下悟出了至理名言：

"就是因为不能被拥有，大家才可能好好享受。"

各大美术馆的艺术收藏，就是因为能让人断了拥有的念头，大家才认命地走一步看一步，能看多少算多少。

生命中最好的东西，全都如此：

没法买下，没法拥有，没法冰在冰箱，没法先放着下星期再煮来吃。

所有最好的东西：

花开的美、日落的美、微风轻拂的舒爽、云朵组成的神奇图案；

孩子的第一个笑容、爸妈的最后一个笑容，初吻，初恋；

海洋、太阳、地球；

还有所有我的情商书从头到尾最想讲的这些：

时光、日子、人生。

不能拥有，所以才值得我们好好享受

我们被赐予了生命，这生命是拿来体会的，不是拿来搞懂的。

所有因为搞不懂"生命到底有什么意义"而赌气胡乱糟蹋的人，请容我问一句：我们到餐厅是去吃美食还是去检验厨房、分析锅具的？我们到世上来是享受生命，还是来搞懂生命的？

所有拿自己的生命不断地换钱，换到最后一刻，乃至已经入棺了还搞到家属继续为了争夺这些钱而互相憎恨拒绝来往的人，你是来生活的，还是来换钱的？

如果这么瞧不起时光，只想胡乱打发它，到头来又何必紧抱着它的大腿，哭求永生不死呢？

不能拥有，所以才值得我们好好享受；不是倒过来：反正不能拥有，那就胡乱糟蹋吧。

拥有根本是幻觉，因为生命每秒都在变，最后变成"没有"。

在对自己好的一开始，我们要练习如何把过往累积的一些误解抛开。

能控制是很强,但失控也没什么;荣耀很棒,但丢脸也没什么;精明很令人钦佩,但笨拙也没什么……

所有的这些"没什么",并不是因为我们要自暴自弃了,而是因为我们承认人的状态,接受人的感受,体会活着的滋味。

把日子过好,人生的意义就会一步一步地"形成"。

并没有那么一份"人生意义",是像传说中的圣杯那样,等着我们去"找到"。

拼命地找意义而错过了人生的人,是找不到那个意义的。

一点一滴、一步一步地把日子过好,意义就会形成。

我还在练习写这些情商书,这也是我练习的功课。

我对这样的练习充满兴趣,我收到了很多以前错过的讯息。

"对自己好"并不是指特定的某一种活法,但"对自己好"可以遵循一个简单的原则,那就是"停止那些对你自己不好的事"。

人生不会自动地"值得"或"不值得"。

如果想要人生值得,必须是你自己去令你的人生值得。

5

能强迫存钱，
就能强迫存时间

可以给自己存下"不派用场"的一点时间吗？

擅长打离婚官司的律师请我吃肉。她说她只吃用刀叉进食的肉,不吃用筷子进食的肉,因为她喜欢"切割"。

"要怎么样对一个人断念?"我问她。

"当作那个人从来没有存在过。"她说,"不要想那人的好,不要想那人的坏,要无从去想那个人,要当那个人不曾存在过。"

"可是那人明明存在过呀。"我说。

"所以才叫断念呀,康永。"她说,"当作没有。"

"当作没有"是很有效的存钱方法。设一个"当作没有"的户头,每次拿到钱,就把五分之一"当作没有",丢进那个"当作没有"的户头。

所有花费,再怎么要紧的花费,都从那剩下的五分之四的钱里面去安排。再怎么挤压,都挤压不到那已经遭到断念的、五分之一的钱。

不存在的东西,就没办法"拿来用"了。

只要是能派上用场的东西,要不就是别人想拿去用，要不就是我们自己忍不住拿来用。

大家都不能用的，就存下来了。

没有什么比感受不到自己更令人失望

我们要为自己制造谁都不能拿去用的时间。

大家已经习惯敷衍了事地随口说要"做自己"，要"爱自己"，要"对自己好一点"，要"学会跟自己相处"。

我另外两本讲情商的书，一本叫《为你自己活一次》，另一本叫《因为这是你的人生》，都很强调"自己"。为什么取了这样两个书名？

因为我知道这样的愿望虽然真实，但很容易说过就忘，毕竟所谓自己，摸不到抱不着，常让人感觉不到它的存在。

为什么我们会感觉不到自己？

因为我们忙着使用自己。

只把自己当"有用的人"，怎么可能了解自己

你拿榔头敲钉子，如果每敲一下，榔头就尖叫一声"好痛"，你一定会把这个榔头丢了。冬天开车，车子抱怨"好冷"；拿锅子炒菜，锅子抱怨"好烫"，当然全都是不可接受的。

榔头、车子、锅子,都是拿来用的,它们不该有感觉,就算它们有感觉,我们也不想去处理。我们用它们是为了完成要做的事,不是要跟它们交朋友。

拿来用的东西,才不要它们有感觉,我们嫌麻烦。

那我们是怎么对自己的呢?

我们有多么喜欢把自己当用具?

在学校,我们不是真心因好奇而学习,我们是用这些去换成绩、换老师同学对我们的印象、换到在班上的地位。这些行为,既不是"做自己",也不是"对自己好",而是用自己的能力或心力,去换别人期望我们拿到的东西。

从小到大,这就是我们成为一个"有用的人"的过程。

一条"有用"的鱼,从它的肉到它的脂肪,每个部位都能派上用场,也就都能换到钱。

对人类直接有用的鱼,是不幸被捕获的鱼。如果换作一条在深海悠游自在的鱼,它对整个海洋生态环境还是有它的作用,但它跟天上的云一样,对人类来说是"没用"的。被捕了、切了、被提炼鱼油,或被人吃了,才算物尽其用。

当我们把心力都拿来"派上用场"时,我们怎么还会有耐心或意愿,做这些没用的事:"跟自己变熟""对自己了解""跟自己相处""跟自己恋爱"?

很多退休的人百无聊赖,因为他们一辈子都努力当一个"有用的人",一旦派不上用场,他们只剩下自己,而这个自己,他们觉得陌生得要命,叫他们跟这么陌生的自己相处,难怪他们手足无措。

我们要交到任何一个朋友，都一定要花心力的，会一步一步地向他们袒露心事，展示弱点，分享秘密，互相支持。这是我们与人交往时，跟朋友做的事。

那如果我们从来不跟自己做这些事，我们怎么可能变成自己的朋友，"了解自己""爱自己""跟自己相处"？

> 要对自己有感情，才可能做自己，才可能对自己好

每天像陀螺那样转，一醒来就上好发条开始执行待办事项，从考试到喂奶，从回复讯息到谈成合约，完成每件被分派到的任务，用尽了心力，我们不会还有力气留给我们自己，然后日子就这样过去了。

是否可以每天只使用二十三小时，有一小时是"不能拿来用"的？可以每星期只有六天半，有半天是"当成本来就没有，所以不能拿来用"的吗？

可以像没得商量地强迫存下五分之一的收入那样，给自己存下"不派用场"的一点时间吗？

那个时间，我们拿来发呆、看风景、看路人、看剧、听歌、听故事、看书、看文字、翻照片、尝美食、散步、旅行、找跟收入无关的人聊天、想心事……

是啊，想心事，想自己的心事。

我们去埃及对着金字塔，当然不是去研究金字塔的，我们是去对着金字塔，想自己的心事；我们去听演唱会，听到情歌掉了泪，我们当然不是在哭票价怎么那么贵，我们是听着歌想着心事，为了心事而掉泪。

我们要留时间给自己，对自己有感情，才可能做自己，才可能对自己好。只把自己当有用的人，对自己可就太无情了。

6

机器人永远赶不上我们的一件事

不是生命体的机器人，
提醒了我们这些人类，
生命到底是关于什么的。

玩了一局桌游《仙桃大乱斗》，设计这个桌游的设计师鸦先知先生把满桌的神妖卡片收进盒子。

"人工智能也在设计桌游了吧？"我说，"它们工作起来，可以不赖床、不失恋、不聊天、不分心去滑手机。"

鸦先知耸耸肩。

"但是，它们永远不知道'玩'是什么意思。"他说。

"大概吧，毕竟机器人不是被制造出来玩的。"我说。

"它们虽然不懂玩，但是……"鸦先知说，"由机器人来写的书应该会越来越多。"

"它们一定会写得越来越像样的。"我说，"唯一的差别大概是，它们写书的时候，不会像我这样，每写几句话，就想到一个生命中出现的人吧。"

鸦先知跟我陷入短暂的沉默。

鸦先知忽然露出笑容。

"它们再怎么会写书、会设计桌游、会煮菜、会制造火箭，它们都不会享受那个过程的。"他说。

是啊。快乐的都是过程，不是结局，不是吗？

吃美食、喝酒、打麻将，快乐的都是过程，所谓结果，无非是"很饱"或"坐在马桶上"、"微醺傻笑"或"醉到吐"、"赢"或"输"。

人生的结局，是"死"。

享受过程，那是我们作为人类的特权

享受过程不只是因为快乐。享受过程是因为没有什么其他的值得享受。

机器人越万能，越能把人类"打回原形"——我们只好回去做人，而不再扮演"人力资源"。我们的人力不合时宜了，就算硬要付出劳力去换酬劳，也找不出那么多位置可以安排。

我们大家一辈子能称得上"成功"的事，不会太多。

那些没成功的事，并不是做过了然后失败，多半是因为心力有限，我们根本没能去尝试。

小时候我们可以唱点歌，画点画，背点诗，拉点琴，做点科学实验，讲点有趣的故事。

然后我们长大就忙了。

如果不是特别去安排，小时候会的那些事，都不会成功，但也不叫失败，只是会"搁下"。

拉一点琴的人，不会成为成功的小提琴家；做一点实验的人，不会成为成功的科学家。

一辈子成功不了那么多事。无关才华，是我们忙不过来。

但一辈子可以有很多事，会给我们带来"成就感"。

值得去深刻感受的,不是被狭窄定义的那些成功,而是那些成就感。

人生没有什么值得或不值得的。

如果我们想要人生值得,我们得自己去让人生变得值得。

人生不会自动变成值得的。

怎么样能感觉这一切是值得的呢?

要有感。

不是"成就感"这三个字之中的"成就"二字,而是那个"感"字。

"值得"是一种感觉。

"成功"也许需要证据或数据,但"成就感"是只要你有行动,就可能收获这个行动带来的感觉。

如果真的想要"人生值得",请重视成就感吧。重视且把握大大小小的成就感。煮好一顿饭,陪伴一个孤单的人,称赞一个沮丧的小孩。

人工智能不会有成就感,没办法享受过程。那是我们作为人类的特权。

7

自圆其说,
自求多福,
自己发电

所有幸福的根源,只是搞定自己。
对懒人来说,这应该算是天大的好消息吧。

去看京剧,看完了,到后台向拉了一整晚胡琴的胡琴老师致意,他眼睛已经失明多年。京剧伴奏是由打鼓的老师主导,胡琴依据鼓点来拉奏,所以失明不会是拉琴的障碍。

"可惜这么多名角的演出就在眼前,却无福观赏。"他说。

"虽然看不见,老师脑中却另有一番天地吧?"我问。

"是啊,是我自己一个人的小戏院,就演给我一个人看呢,康永。"他微笑着说。

跟自己很不熟，不知去哪儿找自己

中文里有很多四字成语，关于"自己"的，往往不是好话，被讲的人通常会难堪：

"自私自利""自行其是""自以为是"……

这可以理解，在必须鼓励人们互相合作的文化里，要不断鼓励：可别陶醉在自己的小世界，要多方学习，多跟人交往。

但现在很多人已经体会到：没营养的人际关系太多了。这个时代人跟人的接触之密切早已超过正常负荷。我们可以跟全世界的人讲是非、聊八卦，而不再局限于左邻右舍。单纯只是为了争取让我们看一眼的视觉产物，以前所未见的速度被不断制造出来。陌生的人们为彼此带来的干涉多，交流少；烦恼多，启发少；点赞多，支持少。

这当然令我们心思纷乱，看起来似乎知道很多事，实际上茫然且寂寞。分配给自己的心力剩得更少，造成我们对自己往往感觉很不熟。

如果临时要找某同学、某网友，我们倒是都有步骤，从学校的数据库找这同学的号码、在平台上传讯息给某网友，都可以。

那如果我们要去找自己呢？

可能很多人会愣一下，不知从何找起。

越对事物麻痹，就越感受不到自己

故事里总是把自言自语、自问自答这种行为描述成怪怪的或有毛病。但只要有思考习惯的人其实本来就会不断地自言自语、自问自答，当然，也许很小声就是了。

思考，就是跟我们自己开会。

除了在思考时，体会到自己的存在，我们在深入感受各种事物时，也一定会"拉着自己"去一起感受，要不然根本无从代入。

相反地，平常越是对事物麻痹，就越感受不到自己。

别人感到动人的歌曲，我们只是在耳边飘过；别人看后落泪的故事，我们只是在手机上随手滑过；好友的悲喜，我们都只是给个短信表达心意，而没有感同身受地去体会好友的感觉；季节变化，生命来去，我们都宁可逃避于各种保养整形的手段而不想面对……

用短影片或连续剧塞满脑容量，宁愿讨论八竿子打不着的名人婚变，也不愿意跟自己聊聊天。

这带来一个结果：等你要找自己的时候，自己跟你很陌生，你也不那么信任自己。

幸福的根源，就是摸索出"自己"

跟对待伴侣是一样的。你以为你搞定了一个伴侣，那个伴侣就会一直陪在身边？

当然不会。

你听到动人的歌，懒得跟伴侣分享，懒得听伴侣的感受，不管是美食的滋味，还是亲友的遭遇、天气的冷暖，什么都不拉着伴侣一起感受，老是这样对伴侣，伴侣还会在吗？一定变得很陌生，甚至已经跑掉了吧。

冷漠对伴侣，伴侣会消失；冷漠对自己，自己会消失。

情商方面的建议提醒我们"对自己好""爱自己""做自己"，每个人都欣然点头同意，但点头之后，有迈出任何具体的一步吗？

要做到这些事，首先要摸索出"自己"的存在啊。

跟自己讨论事情，跟自己分享感受，自己才会存在。

前阵子流行的话："穷到只剩下钱。"或者我们常听到的话："忙到顾不了自己。"这些状况，确实都会在某些时刻发生，当这些状况发生时，请留神，自己可能会越缩越小、越跑越远的。

所有幸福的根源，只是搞定自己。

对懒人来说，这应该算是天大的好消息吧。

这么方便，这么省事，这个人就一直在身边，随传随到，重视他的意见，培养跟他的感情。

搞定一个自己，胜过搞定一万个别人。

8

你觉得够好，就好

只要评价好坏的标准不适合你，
那个成绩单上的"好"，就不是你需要的。

- 我做第一个专访节目时期的老板葛小姐，出现在我的回忆里。

当时的我，访谈了一阵子成功人士，老板葛小姐问我有没有想做别的节目。

"葛小姐，我们只能访谈成功的人吗？要不要另外做一个节目，专门访谈失败的人呢？"我说。

葛小姐愣了一秒，然后哈哈大笑。

"没有什么成功的人、失败的人啦，每个人都有做得成的事跟做不成的事。只是这样而已吧。"她说。

反正呢，后来并没有另外开一个专访失败人士的节目，应该是生活中的失败已经很多，不必特别再裱个框叫大家看。

只在意"成绩"，不在意"是用什么标准做出成绩的"

不同的事情，被判定为好或不好的标准，背后的原因往往毫无深度。

要卖给大众的商品，有时候只是因为外形做

成了方形，可以在装箱时多塞进几个，运费省了一些，售价就低一些，增加了商品的竞争力，渐渐方形就被当成这个商品的一个优点，大家理所当然地觉得方形"很好"。（如果因为能够方便装箱而省了运费，造成方的西瓜渐渐卖得比圆的西瓜便宜，久而久之，大家也会觉得方的西瓜比较好吧。）

我们几乎只在意"成绩"，不在意"是用什么标准来做出这个成绩的"。

明明考题都是一点用都没有的，大家还是只看考得好不好。如果只是学校的考试这么荒谬，也就认了，偏偏毕业以后，我们大部分的人生，也依然被这么荒谬的游戏规则所摆布——

上学在学些什么，没有上学考几分重要；
上网发送些什么，没有得到多少个赞重要；
上班做些什么，没有上班领多少薪水重要。

因为看数字方便，就只看数字，剩下的都只是为了得到这个数字的手段，而没有被当成生活。

好可惜，过掉了就再也没第二次的月月年年，沦为换取数字的道具。而那些数字，长期占据我们的视野，把我们训练成被数字使唤的工具人。

**别人有别人的成功标准，
我有我的好日子**

不要人云亦云地去判断好坏。真正需要我们判断的，是评价好坏所用的标准。

学校考试考的只是记忆力的话,记忆力很烂但创造力很好的学生,根本不必拼命要在这种考试中考得好。

那个成绩单上的好,不是这位学生需要的好。

只要评价好坏的标准不适合你,那个成绩单上的"好",就不是你需要的。

这个立场,大概很容易就被归类为小说人物阿Q的精神胜利法,也就是俗语常说的"吃不到葡萄说葡萄酸"。

这些根本不重要的嘲讽,没关系,都可以微笑着收下。

只要我们找到了适合自己的标准,就算被那些无视标准,只在乎数字的人嘲讽,也该庆幸:"幸好我知道怎么样才不会被数字控制。"

以下,是一连串常常听到,却说不上标准何在的字眼:

公平、正义、善良、诚实、爱情、幸福……

用力生活的人，一生会用各种标准去体会上面那些字眼，然后了解：那些字眼，不可能有方便又明确的标准，而是在摸索的过程中，找到当下的我们适合采用的标准。

我见识过的很多有意思的人物，他们各自依照他们的标准过到了好日子，虽然跟我想过的好日子很不同，但很明显他们都能接受每人有各自对好日子的定义，互不干扰就好。

想要一呼百诺，还是耳根清净？想要游艇派对，还是泡澡看书？
所谓好日子，只要我们自己觉得好，就足够好。
你愿意打造属于你的标准，而不是人云亦云的标准，人生就有了值得的可能。

图书在版编目（CIP）数据

你愿意，人生就会值得 / 蔡康永著 . -- 上海：上海文化出版社，2024.12. -- ISBN 978-7-5535-3112-0
I. B821-49
中国国家版本馆 CIP 数据核字第 2024F5N833 号

© 中南博集天卷文化传媒有限公司。本书版权受法律保护。未经权利人许可，任何人不得以任何方式使用本书包括正文、插图、封面、版式等任何部分内容，违者将受到法律制裁。

出 版 人：姜逸青
责任编辑：郑　梅
监　　制：董晓磊
特约策划：公瑞凝　鞠　素
特约编辑：紫　盈
营销支持：杜　莎　陈发发　木七七七_
装帧设计：梁秋晨
封面插画：如何出版社（插画：H）
内页插画：张小虎
内文排版：百朗文化

书　　名：你愿意，人生就会值得
作　　者：蔡康永
出　　版：上海世纪出版集团　上海文化出版社
地　　址：上海市闵行区号景路 159 弄 A 座 3 楼　201101
发　　行：上海文艺出版社发行中心
　　　　　上海市闵行区号景路 159 弄 A 座 3 楼 206 室　201101
印　　刷：北京中科印刷有限公司
开　　本：875 mm × 1230 mm　1/32
印　　张：9.75
字　　数：142 千字
版　　次：2024 年 12 月第 1 版　2024 年 12 月第 1 次印刷
书　　号：ISBN 978-7-5535-3112-0/G·509
定　　价：59.80 元

如发现印装质量问题，影响阅读，请联系 010-59096394 调换。